科技创新人才成长与竞赛指导丛书

思维方法的秘密

全国创新发明金牌教练
全国十佳科技辅导员
中学物理特级教师

崔　伟　方红霞
滕玉英　方松飞 / 编著

东南大学出版社
SOUTHEAST UNIVERSITY PRESS

图书在版编目(CIP)数据

思维方法的秘密 / 崔伟等编著. —南京：东南大学出版社，2018.5 (2020.6重印)
(科技创新人才成长与竞赛指导丛书)
ISBN 978-7-5641-7643-3

Ⅰ.①思… Ⅱ.①崔… Ⅲ.①思维方法-青少年读物 Ⅳ.①B80-49

中国版本图书馆CIP数据核字(2018)第031914号

思维方法的秘密

出版发行	东南大学出版社
出 版 人	江建中
社　　址	南京市四牌楼2号
邮　　编	210096
网　　址	http://www.seupress.com
经　　销	全国各地新华书店
印　　刷	河北远涛彩色印刷有限公司
开　　本	787 mm×1092 mm　1/16
印　　张	10.25
字　　数	300千字
版　　次	2018年5月第1版
印　　次	2020年6月第2次印刷
书　　号	ISBN 978-7-5641-7643-3
定　　价	54.80元

* 本社图书若有印装质量问题，请直接与营销部联系，电话：025-83791830

丛书编委会

主要作者简介

崔伟 特级教师

东南大学工学硕士，现任扬州中学教育集团树人学校党委副书记、副校长，扬州市初中物理特级教师，扬州大学硕士研究生导师，全国十佳科技辅导员、江苏省优秀青少年科技教育校长、扬州市青少年科技创新崔伟名师工作室总领衔。他是全国优秀教科研成果一等奖、江苏省基础教育教学成果二等奖获得者。主持江苏省教育科学规划重点课题2项，主持教育部规划课题子课题、国家自然科学基金委员会课题子课题各1项。发表论文25篇，其中11篇论文在北大版的核心期刊上发表或被人大复印资料中心《中学物理教与学》全文转载。

方红霞 特级教师

扬州大学物理学学士，扬州大学附属中学物理教研组长，江苏省高中物理特级教师，正高级教师，江苏省优秀中小学科技辅导员，全国教育科研活动先进个人。她是江苏省基础教育教学成果二等奖、江苏省科技创新大赛成果一等奖、江苏省中学物理教学改革创新评比一等奖获得者。主持江苏省教育科学规划重点课题1项。发表论文23篇，其中10篇论文在北大版核心期刊上发表或被人大复印资料中心《中学物理教与学》全文转载。

主要作者简介

滕玉英 特级教师

南京师范大学教育硕士，现任海门市东洲中学党委书记、校长，东洲中学教育管理集团总校长，江苏省初中物理特级教师，中学物理正高级教师，江苏省基础教育课程改革先进个人，江苏省优秀青少年科技教育校长，南通大学兼职教授。她是江苏省基础教育成果特等奖获得者。多次代表省、市赴新疆、西藏、四川等地进行送教讲座。主持、参与国家、省、市级多项课题。发表论文30多篇，其中6篇论文在北大版核心期刊上发表或被人大复印资料中心《中学物理教与学》全文转载。

方松飞 特级教师

苏州大学物理系毕业，扬州中学教育集团树人学校教育督导，负责树人少科院工作。他是江苏省物理特级教师，全国教育科研先进个人，全国创新发明金牌教练，全国十佳科技教师，江苏省中小学教材审查委员会初中物理专家组成员。著有《构建课堂教学大磁场》《怎样使你早日成才》等教育专著3部，主编《新概念物理初中培优读本》《资源与学案》等教学辅导用书24种，有40多篇论文在《物理教学》等期刊上发表。

序言

让人才脱颖而出

当今世界,各国综合国力的竞争说到底是科技实力和创新人才的竞争,人才是创新驱动的核心要素。面对中国经济发展新常态,国务院于 2016 年印发了《国家创新驱动发展战略纲要》和《"十三五"国家科技创新规划》。纲要指出:创新是引领发展的第一动力,创新驱动是国家命运所系、世界大势所趋、发展形势所迫。落实纲要的关键是加快建设科技创新领军人才和高技能人才队伍。以学校教育而言,只有实施创新教育,才能立足于科技创新人才的早期培养,才能与国家创新驱动发展战略做到无缝对接。其核心是为了迎接信息时代的挑战,着重研究与解决在基础教育领域如何培养学生的创新意识、创新精神和创新能力的问题。

扬州中学教育集团树人学校正是在这样的背景下,于 2009 年创办了树人少科院,并以此为载体,对科技创新人才的早期培养进行了实践性探索:主持了扬州市规划课题《中学生科学素养和人文素养培养的研究》、教育部子课题《中学生创造力及其培养的研究》、江苏省重点课题《基于科技创新人才早期培养模式的实践研究》、国家自然科学基金委员会子课题《教学环境对中学生创造力的影响研究》和江苏省"十三五"重点课题《中学生物理核心素养模型构建的校本化研究》。前 3 个课题已成功结题,其研究成果分别获扬州市"十二五"教育科研成果一等奖、江苏省基础教育教学成果二等奖和江苏省第四届教育科研成果三等奖。《青少年科技创新人才培养模式的创新探索》于 2015 年在北京师范大学举办的首届中国教育创新成果公益博览会上展示,后在北京大学举办的第十一届全国创新名校大会上交流,并获中国教育创新成果金奖。研究专著《让创新人才从树人少科院腾飞》于 2016 年获扬州市第二届基础教育教学成果一等奖,已入选扬州市首批教育文集并由广陵书社正式出版。还有《让创新人才在翻转课堂中脱颖而出》《科技创新人才培养策略的前瞻性研究》《科技创新人才早期培养的实践探索》《校本教研中的创新人才培养策略研究》等 30 多篇课题研究论文在期刊上发表。

其中19篇论文在北大版核心期刊《中学物理教学参考》《教学与管理》《教学月刊》《物理教师》上发表或被人大复印资料《中学物理教与学》全文转载。

科技创新人才的早期培养也结出了丰硕的成果，从2009年树人少科院创办至今，已有2 000多学生在扬州市以上的各级各类组织的科技创新竞赛中获奖。其中有48人获全国的发明类金、银、铜奖，328人获全国一、二、三等奖，502人获江苏省一、二、三等奖。在上述的金奖或一等奖的得主中，有2人荣获用邓小平稿费做奖金的中国青少年科技创新奖；2人因科技创新成果显著而当选为全国少代会代表，出席全国的少先队代表大会，分别受到胡锦涛和习近平总书记的亲切接见。3人获江苏省人民政府青少年科技创新培源奖，4人成为全国十佳小院士，11人被评为江苏省青少年科技创新标兵，15人次获扬州市青少年科技创新市长奖，78人被评为中国少年科学院小院士，106项学生发明获国家专利证书。

为了将上述研究成果面向社会推广，让科技爱好者和中学生分享其中的成果，我们以曾获扬州市优秀校本课程的《走进科技乐园》为基础，编写了“科技创新人才成长与竞赛指导”丛书。

本丛书以树人少科院和东洲少科院部分学生的成长为案例，以读本的方式呈现，以中学生为阅读对象，含《发明创造的秘密》《学生成才的秘密》《思维方法的秘密》《实验探究的秘密》《社会调查的秘密》《科技实践的秘密》六册。本丛书虽为中学生撰写，但也同样适用于小学生、大学生。衷心感谢树人学校党委书记、校长陆建军对树人少科院的倾心培育以及对本丛书编写工作的支持与鼓励。

愿你在丛书的陪伴下茁壮成长，在成才之路上脱颖而出。

导读

古有军事谋略，分六套：胜战计、敌战计、攻战计、混战计、并战计、败战计。每套六计，共三十六计，讲的是克敌制胜的锦囊妙计。

今编思维策略，分四章，二十九节。每节一人一法，共二十九人，计二十九法，说的是学霸、智者、大院士、小院士的创新思维方法。

孙子说：军事是国家的大事，是关系人民生死、国家存亡的根本之道，因而是不可以不深入加以考察的。

同样的道理，成才是中学生的大事，是关系到你能否继续深造乃至影响国家和自身前途、命运的大事，是不可以不深入加以研究的。

第一章为你介绍7位中、高考第一名的学习方法，分别为“蓝图描绘、路障探索、堡垒攻克、成果巩固、效果检查、质量评估、反思提高”。它们分别与你每一个学习循环中的“计划、预习、听课、复习、作业、考试、小结”相对应。

第二章介绍7位有国际影响力的智者一举成名的方法，分别为“先分后合、等量替代、理想实验、科学论证、测量比较、扩大影响、灵感而发。”

第三章介绍8位曾是扬中学生的院士，分别揭秘“四个共同、发酵顿悟、五之三境、机遇把握、自主创新、遇难成祥、五面突破、从不放弃”等科学方法。

第四章介绍7位树人少科院小院士的创新方法，分别为“逆向模拟、情中生智、扬长避短、主体附加、拓展迁移、变量控制、学用结合”。

本书都是以“小故事”铺垫引入，“点金石”指点迷津，“展示台”彰显成果，“信息窗”提供信息。“解密室”揭示方法，“演练场”则要求你从小故事、点金石、展示台、信息窗、解密室的解读中，完成相关作业，并根据相关要求按“合格、优秀、点赞”这三个等级进行自我评价。每章结束还有“瞭望角”，对该章内容进行梳理。“收获篇”再试牛刀，请你撰写章后感悟千字文。

书末为你设计了“自评记录表”，要求你将每次作业的评价等级及其关键词按时记入表中，希望你养成良好的作业管理和评价的习惯，并预祝你早日成才。

本书的第一章由滕玉英和方松飞合写，第二、三章由方红霞撰写，第四章由崔伟撰写，最后由方松飞统稿。本书中的学霸、智者、院士等的相关故事源于网上公开的资料，他们已经成为树人少科院学生心中的偶像。

本书的撰写还是在探索和尝试，不当之处，敬请你指教斧正，谢谢。

Contents 目录

第一章 “学霸”成长的秘密

相传，有位小孩遇到一个能点石成金的神仙。仙人用手指把路边的一块大石头点化成金，送给小孩，小孩不要，如图 1-1-1 所示。仙人又用手指点化远方的大山，把它变成一座金山，然后把这座金山送给小孩，小孩仍然不要。仙人惊奇地问：“金山你都不要，你究竟要什么呢？”小孩看着仙人的手指说：“我要你那点石成金的手指头。”不要金子要点金术，这位小孩回答得非同一般，有远见卓识。金银财宝再多，也有用尽的时候，有了点石成金的手指，便能随时点化，取之不尽、用之不竭。由此可见，掌握方法终身受用。这位小孩就是当时的“学霸”。

图 1-1-1

当今社会是个高度信息化的社会。科学技术突飞猛进，知识更新空前加快，信息通道以几何级数快速增长。许多意想不到的新情况、新事物、新问题，冲击着人们传统的生活习惯、学习观念和思维方式。而作为一个中学生的你，正是十年后建设伟大祖国、实现中国梦的主力军，你得走向未来、适应社会、学会学习。如果只会用书本上的一些现成结论，只会背诵一些应考条文，显然是远远不够的。只有掌握一套科学的学习方法，你才能游刃有余、轻松自如，才能胜任历史赋予年轻一代的庄严使命，真正成为泱泱中华的有用之才。

第一节　蓝图描绘

小故事

一炮走红

有位学霸，曾以全市第一名的中考成绩考入海门中学，又在北大推荐生专家评审会上从15名品、学、才兼优的学生中脱颖而出，成为校长推荐上北大的第一人。她还在中学期间，就写作12万多字的玄幻武侠小说《在江湖》，受到著名作家戎林的鼓励和肯定，著名儿童文学作家刘崇善亲自为其作序。这位学霸就是东洲中学中考第一名朱臻慧，图1－1－2所示。

图1－1－2

话说她在初三时就当过小老师，还一炮走红。那是一次学校的物理教学研讨会，原计划是由她的老师（江苏省物理特级教师）上课的，内容是《信息与信息传播》，是苏科版物理9年级（下）第十七章《电磁波与现代通信》的第一节课。对该课的教学处理，即使是位成熟的教师，也觉得有一定的难度。可她的老师却有意让其承担这堂公开课的任务，目的是显而易见的，即培养她、锻炼她。朱臻慧传承了老师的上课特色，除了自己精心设计教学流程外，还特意制作了有线电报机与接收机等演示器材和课件。上课时，凭其学校小广播主持人的特有素质、超强表达能力、丰富情感，使课堂氛围与教学效果都令人满意。她虽是第一次上课，却不负老师所望，得到听课教师的一致点赞。该校的其他物理老师甚至还纷纷要求朱臻慧同学到他们的班级上该堂课。事后，校长在全校的教职工大会上播放了该堂课的录像，号召教师要向朱臻慧同学学习，体现了东洲中学以学生为本的办学理念。

再说一件事，就是北京大学的校长实名推荐制。海门中学成为全国首批享受该推荐的学校之一，由11人组成的评审小组对15位学生进行了最后评审。说实在的，这些学生确实都很优秀，他们中间有学科竞赛中拿到金牌的，有科技创新大赛中获得金奖的，有艺术或体育特长的，也有获得学生领袖奖的。从他们中挑选人才，比的是谁更全面，谁的特长更多。因此专家组在遴选中格外慎重，每拿掉一个学生，自己都很心疼。经过一轮轮表决、评审，大家一致认为，这个名额应该给朱臻慧同学。理由是：第一、她成绩很好，文化成绩始终是年级前三。第二、她学科竞赛也很不错，在数学、物理、信息学等大赛中都拿了奖。第三、她是学生会主席，组织能力、口头表达能力都很强，获得过学生领袖奖。第四、她很有特长，虽然是理科生，文科却也了得，还写小说。第五、她是学校广播电台的主持人，曾以学生记者的身份采访了加拿大首位华人女议员梁陈明任女士，她还在电视节目中与时任谷歌全球副总裁的李开复先生讨论问题。校长最后表示，他推荐的是一名优秀的学生、一位杰出的人才。

点金石

成才有道

从上述学霸锤炼的故事中，我们看到了朱臻慧同学的多重身份：①小老师，一炮走红；②小作家，玄幻武侠小说《在江湖》；③小记者，采访了加拿大首位华人女议员；④小主持人，与谷歌全球副总裁讨论问题；⑤小领袖，是海门中学的学生会主席，获得过学生领袖奖；⑥小学霸，文化成绩始终是年级前三，数学、物理、信息学等大赛中都拿过奖。最后成为北大实行校长推荐制后，能够在北京大学学习的海门第一人。其成功的原因是什么呢？她与其他学生的不同之处在哪里呢？她的回答很简单：认真制订计划，科学安排时间并巧妙执行。

1. 学习的现状

事实上，只要你留心一下，就会发现学生对待学习有两种不同的态度。

(1) 学习盲目随意：现在的不少学生，其学习带有盲目性和随意性：老师叫我怎么做，就怎么做；别的同学怎么做，我就怎么做。哪天老师布置的作业多，学习就抓点紧，哪个老师说第二天要考试，哪门学科就手忙脚乱起来。如果老师布置的作业少，近期也没有什么考试，学习就会放松起来。放学之后，不是打球到天黑，就是聊天看热闹。老师布置的那一点点作业，不逼到临睡前是不会去做的，有的甚至留到第二天上学再说。这种毫无主动性、计划性，完全由老师布置的作业或考试控制的学习，或者完全受其他学生的影响而进行的学习，显然是十分低效的，很难把学习成绩搞上去的。

(2) 学习主动自觉：有些学生的学习还是比较主动的、自觉的。中国科技大学有个叫赵林诚的博士生，在学习期间不幸患病休学九个月之久。回到学校后，落下了很多功课。他回忆说："当时我确实面临着较大的困难，一大堆旧课要补，不补旧课，新课就衔接不上。可是不等你补上旧课，新课又跑到你的前头。当时我刚刚病愈出院，需要巩固一段时间，不敢做大运动量……当时问题的关键在于首先要解决课程的衔接问题。在新授课之前，我首先预习一下，大概了解一下接受新课所缺的知识。缺什么补什么，以保证新课能听懂。然后腾出时间，把落下的旧课一一补上。"由于他心中已经有了一幅描绘好的补习蓝图，采用了科学的学习方法，使他在三个月内，不仅学好了新课，还把这九个月中拖欠下来的旧课全补上了。这就是赵林诚博士的计划性学习，其学习效率是很高的。

2. 计划的作用

其实，制订切实可行的学习计划太重要了。它可以增强学习的主动性、自觉性，有效地避免学习中的盲目性和随意性；可以促进学习目标的早日达成；有利于锤炼学习意志和抗干扰能力；有利于养成良好的学习习惯；还可以减少时间上的浪费，有利于提高学习效率。

(1) 促进目标达成：每个学生都有自己的学习目标，其区别只不过是时间上的长远与短近，理念上的高尚与低微而已。要实现既长远又高尚的目标，绝非三天二日就可以达到。必须一步一个脚印地前进，按部就班地去做才行。事实上，学习时间和学习任务的科学结合就诞生了学习计划。如果你对目标的愿望越强烈，你对学习计划的制订也就越迫切。一旦学习计划制订好以后，你就越会自觉地使自己的每一个学习行为和实现目标联系起来，就越会使你的学习行为具有明确的目的性。因此，学习计划是你实现学习目标的一个蓝图。每一个想把学习搞上去的学生，要作出的第一个实际行动，就是制订一个切实可行的学习计划。

在你满意地制订完一个学习计划之后，你的心里就有了底，你就会满怀信心地感到：学习目标的实现只是一个时间的问题。

(2) 磨炼学习意志：在实际的学习生活中，学习计划的实施是不会一帆风顺的，有许多意想不到的事情会干扰着你计划的实施。如计划之外的各项活动、身体欠佳需要停课休息等。更有许多是你在学习上所遇到的种种困难，如不易理解的难点、不易解答的难题等，都需要坚定自己的意志，始终向着既定的目标任务努力，直到计划实现为止。经过长期的磨炼，完成一个又一个的计划，这是你一笔不可多得的精神财富。

(3) 养成良好习惯：长期按学习计划办事，就会使你的学习生活形成规律，甚至成为条件反射而形成良好的学习习惯。执行计划便可以成为自觉的行动，来自各方面的干扰和诱惑就会自动地被排除。这时，你就不必为早晨起不起床、晚上复不复习再付出意志上的努力了，你的学习会完全达到"自动化"的境界。诚如教育家乌申斯基所说的：“不仅在性格的培养方面，而且在智能教育以及必要的知识充实人的头脑方面，习惯的力量都具有头等重要的意义。”可以这样说，良好的学习习惯是学习计划和顽强意志长期结合的产物。

（4）提高学习效率：我们知道，计划性强的学生，由于明确了什么时间做什么事，就不需要临时动脑筋再费时间去想了。而缺乏计划性的学生，一旦坐下来，还得为该干什么事、该学什么而劳神费思。尤其在每天完成作业以后，这种现象就更为明显。计划性很强的学生都知道，自己多玩一个小时，多聊一个钟头，将会影响计划上某项任务的告吹，以致使整个计划中的许多任务受到影响。而缺乏计划性的学生一旦聊起天来，一两个小时无所谓，打起牌来，一个晚上不成问题。由此可知，制订切实可行的学习计划，就可以自觉地减少时间上的无谓浪费。把主要的时间和精力都用在学习上，其效率当然就提高了。

3. 计划的特征

一个好的计划，往往有以下四个特征。

（1）全面性：作为一个学习计划，当然要考虑学习的具体安排。例如，从时间上考虑，除了保证必要的学习时间外，还要安排好自己的集体活动时间、体育锻炼时间、充足的睡眠时间、文化娱乐时间等。这样才能保证自己全面发展，才能让自己保持旺盛的精力去学习，才能使自己的学习生活丰富多彩、生动有趣。这就是计划的全面性特征。

（2）多样性：学习计划的种类繁多。按范围分，有综合性计划、学科计划、专题计划等。按内容分，有课内计划、课外计划。按时间分，有学年计划、学期计划、月计划、周计划、日计划等。按学习过程分，有预习计划、复习计划等。各种类型的计划都有其特殊的应用范围和功效，无不显示其多样性特征。

（3）协调性：一个好的学习计划，在满足全面性的同时，还必须注意突出重点，使各项工作能始终围绕重点，协调运转。例如，要妥善安排好各门功课的学习时间和进程，尽最大的可能减少知识的空白点和薄弱科目，以保证各门学科的全面发展。但强调其全面发展，并非要求平均用力、门门优秀。而应该突出基础学科（语数外）、薄弱学科（基础较差、感到害怕的学科）和特长的学科（体、音、美、科技），从而使你的学习能立足于基础，全面发展，更有个性特色。

（4）稳定性：学习计划就是你以后学习的行动纲领，一经确定，就不该随意改变，这就是计划的稳定性特征。当然，现实生活又是复杂多变的，你的学习常会受到一些意外事情的干扰和冲突。在不影响大局的情况下，也可以做些微调，其目的不是为了撤销原计划，而是为了更好地、更顺利地执行原计划。正如郑板桥所写的：“任尔东西南北风，咬定青山不放松。”

4. 计划的制订

学习计划的制订，在符合计划的全面性、多样性、协调性和稳定性这四大特征的基础上，还应注意下列问题。

(1) 巧妙安排：你的学习时间是极为宝贵的，它可以分为常规学习时间和自由支配时间。其中的常规学习时间是用来“消化”当天所学知识，完成当天作业所需要的时间。这部分时间的学习，由于任务感的驱使，其利用率还是挺高的。而自由支配时间，却大有文章可做。这部分时间的学习效果如何，对改变你的学习现状起着很大的作用。因此自由支配时间的巧妙安排应当成为你制订学习计划的重点。一般来说，自由支配时间可安排三件事：预习、补课和提高。预习是预先学习尚未讲的内容，补课是弥补自己学习中的欠缺，提高是深入钻研，发挥自己的学习优势或特长。对这三件事的安排，你应当根据自己的原有基础、接受水平，作出巧妙安排。如果你原来的基础较差，很可能在开始阶段的自由支配时间几乎没有或少有。那么上述三件事暂时可以搁一搁，或只抓预习这件事。如还有精力，也可以做提高这件事。达尔文是著名的生物学家，如图 1-1-3 所示。他曾经说过这样的话：“我从来不认为半小时是微不足道的一段时间。”如果你能看到自己的学习水平尚不高，或者想改变自己的学习现状，那就应当以分秒必争的精神，去抓自由支配时间。一旦巧妙地抓住了这段时间，并且体会到抓住这段时间给自己的学习所带来的好处之后，你就会自觉地去努力提高常规时间学习的效率，以增加自由支配时间，使自己掌握的学习主动权越来越大，一个生动活泼的学习局面就会渐渐向你走来。

图 1-1-3

(2) 长短结合：在一段比较长的时间内学习哪些内容，作出哪些安排，你应当有个大概的计划。但由于学习情况比较复杂，制约因素较多，涉及的面又较广，往往就不好预测。因此长远的计划就不能也不必订得太具体，很难在这个月就把下一个月每天干什么全部确定下来。但是，下个月在学习上应解决哪几个主要问题，你心中还是应该有数的。而本月的第一个星期要解决什么问题？你本月的第一个双休日打算怎样安排，专攻哪一个专题，达到什么要求？就应当制订得比较具体一些。这样，你就可以把在一个较长时间才能完成的学习任务按计划分到每一周或每一天去了。这样计划以后，你在每天学习时，心中就会明白今天的学习任务在整个学习中的地位。有了较为具体的短安排后，长计划中的任务就可以逐步得到实现。有了长计划，又可以在具体的短安排时更加踏实明确。由此可知，订计划时，必须注意长短结合，才能使学习目标脚踏实地地顺利完成。

(3) 尊重实际:我们经常发现,不少学生在制订计划时雄心勃勃,但实际行动起来却感到困难重重,最终计划流产。其根本原因在于计划脱离学习实际。因此在制订计划时,必须从实际出发,要知道通过这段时间的学习,要接受和消化多少知识?要重在培养自己的哪些能力?在每个学习阶段,能提供多少确实可用的时间?常规学习时间可以安排多少?自由支配时间可以安排多少?自己在学习上还拖欠了哪些债务?在某一阶段的学习计划中可以偿还多少“欠债”?老师的教学进度如何?本学期要学到哪里结束?等等。如果你在制订计划的时候,已经把上述学习实际考虑了进去,你制订的计划就是切实可行的。你一步一个脚印地按着计划去做,目标计划的实现就一定会等着你。

(4) 留有余地:由于你所订的计划一般都是在学习某一内容之前拟订好的,只能是种设想。要想把计划真正变为现实,还得经过一段时间的努力才行。在这努力的过程中,你的思想或者体质可能会发生某些变化,学习的各种条件也可能会发生某些变化。因而,你的学习计划订得再实际,也难免出现估计不到的情况。所以,为了计划的顺利实现,学习计划不要订得太满、太死、太紧,要留有机动时间,目标也不要订得过高。在机动时间内安排一些一旦完不成对当时影响不大的学习任务,或安排一些时间性不够强的学习任务。由于你在学习的时间和学习的内容上已经留有了余地,就可以适应临时变化的情况,完成计划的可能性无疑就增加了。当然,计划中留有的余地也应有个尺度,不能留得太多,否则会使自己在执行计划时松松垮垮,起不到计划应能发挥的作用。

5. 计划的实施

计划不是制订出来给老师或父母看的,也不是挂在墙上或是压在台板下装点门面的。因此,计划制订好以后,关键是实施。

(1) 措施到位:你制订的计划既然不是装饰门面给人家看的,就应该把计划中的每项内容都要具体落实,措施到位。共和国领袖毛泽东的老师徐特立先生被称为“当今一圣人”。徐特立从小就酷爱读书。要读书就得买书,那时书价很贵,唯一的经济来源就是祖上留下的水田。为了学有所成,他制订了“破产读书”计划,开始了他十年寒窗的艰苦历程。到了 28 岁那年,他已濒临破产,只剩下 4 担谷的水田,这一年他参加清朝最后一次会试,结果在 3 000 名考生中排列第 19 名,一时名声大振。实践证明,强而有力的措施是落实学习计划的重要保证。

(2) 检查调整:在计划执行到一定阶段以后,你应该检查一下自己的学习效果究竟如何。以便及时调整计划,使之更加切实可行。检查的时间,一般安排在每天的晚上、周末、月底或期中、期末。检查的内容主要有:自己是不是已基本上按预定的计划去做了？计划中的学习任务是否都完成了？没有按时完成计划任务的原因是什么？如何开展下一阶段的学习？等等。检查的形式，可以结合日记、周记、月小结、期中、期末的总结进行，不断记录自己对计划的执行情况，分享成功的喜悦，采取调整的措施。如果你没有写日记、周记的习惯，起码在一天或一周结束的时候，回忆一下当天的或本周的学习生活，扬长避短。通过检查，对没有按时完成的计划，可立即采取相应的措施，及时调整或排除干扰，从而使你所订的计划向着你奋斗的目标步步迈进。

（3）合理分配：作为中学生的你，学习的课程比较多。语数外是基础学科和重点学科，无论中考还是高考，都是重头戏，含糊不得。理化生、政史地也不能轻视，也是中考、高考的组成部分，是你综合能力的必备内容，也是你全面发展的基本知识。还有体、音、美等，也是你整体素养的主要部分。这些科目的轻重缓急、主次详略，在具体落实计划的时候都得考虑。这就必然要牵涉到一个合理分配、提高时间利用率的问题。一般来说，应当根据学科特点和人的智力发展，心理、生理状况通盘考虑，早晨或晚上，或者说一天学习开头或结尾时间，可安排一些侧重记忆的科目，如语文、外语等。在注意力比较集中的时间段，可安排做些习题或学习自己感兴趣的学科。学习活动和适当的文体活动可以交替安排，文科和理科的学习也可以交替进行。相近的学习内容最好不要集中安排在一起，等等。如果你的学习时间得到合理分配、科学安排，你的学习效果、时间利用率都将会大大增强和提高。

信息窗

计划内容

为了制订好切实可行的计划，我们来学习一下制订计划的相关内容。

（1）情况分析：这是制订计划的前提，是你对自己学习的基本情况作出恰如其分的回顾与分析。它通常包括自己原有的各科成绩，所在班级乃至全校中的排名位置，自己原有的学习方法、学习中的有利条件和不利因素等。

（2）学习目标：这是指你在近期或更远一段时间内期望达到的结果，是通过自己刻苦学习、认真钻研期望将自己提高到什么水平。它规定了你学习的任务和方向，是制订你学习计划的直接原因，也是确定你学习步骤和实施要点的根本依据。

（3）学习步骤：这是指你为完成任务所作的时间安排。例如，我国著名的人口学家马寅初（图 1-1-4）在美国留学攻读博士学位时，计划写《论纽约市的财政》论文。确定了这个题目，不仅难度大，而且涉及的资料多。为此他制订了这样的行动计划：

①跑图书馆；②借找书籍资料；③认真阅读记录；④整理、分析、撰文。在这样的计划指导下，他花了一年的时间，1914 年写出了很有见地的论文，一度被他的母校哥伦比亚大学选作经济学的教科书。

（4）具体措施：这是指你为完成学校任务所采取的方式、方法。一般说来，具体措施包括以下三个方面：①时间措施。对时间要恰当安排，对已经丢失的时间要有弥补的办法。②心理准备。有了计划，自己的行为就要受到约束，因此要有信心和毅力。③立即请教。这是指你阅读过的材料、教师在课上讲过的内容或有关的家庭作业，如果你还没有完全弄懂的话，就要立即寻求帮助将其弄懂。

解密室

描绘蓝图

科学的、切实可行的远期目标，以及坚定不移地去付诸实施的分阶段学习计划，为科技创新人才的早期培养描绘了前程如锦的蓝图。朱臻慧同学正是在中学阶段有了这样的一幅自己描绘的成才蓝图，才能从初中到高中到大学，始终走在人才队伍的最前列。希望同学们以朱臻慧同学为榜样，遇事有计划，心中有蓝图。

演练场

小试牛刀

请你根据朱臻慧同学的成长故事和自己的成才蓝图，结合目标与计划制订的相关知识，撰写一篇“我的学习蓝图”千字文，让你的父母给其作出“合格、优秀、点赞”的评价，并将评价等级记录在书末的表格中。

第二节　路障探索

小故事

破了纪录

今天介绍的这位学霸，也是多才多艺。喜欢数学、物理，是物理课代表；爱看书，偏好文学、科学、经济方面的书，特别爱看《二十年以后》；画画、打球、下棋、钢琴都有涉足。2017 的中考，他以语文 144 分、数学 150 分、英语 115 分、物理 99 分、化学 100 分、历史 50 分、政治 50 分、体育 30 分、口语 30 分、总分 768 分获得扬州大市第一名，离满分 780 只差 12 分，打破了扬州市中考总分的纪录。他就是树人学校 2017 年的中考状元夏一航，如图 1－2－1 所示。

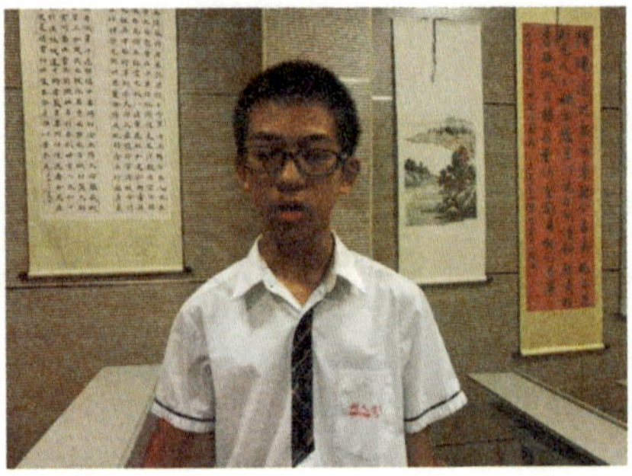

图 1－2－1

图 1－2－2

我们再来看看他在初中期间所获得的主要荣誉：2014 年获“树人堂前学起步”主题征文大赛一等奖；2016 年获树人奖学金、初二年级数学竞赛一等奖，江苏省金钥匙科技竞赛特等奖；2017 年与陆思杭、曾文宇组成的扬州市代表队，获 2017 年全国中小学生“金钥匙”科技竞赛江苏赛区团体赛一等奖、全国初中应用物理竞赛一等奖，如图 1－2－2 所示。

点金石

霸在何处

从夏一航的学习故事中，你能否归纳出其“学霸”霸在何处？

①离中考满分只差12分；②全面发展；③特别爱看书，尤其是《二十年以后》，说明他有成才蓝图；④科技特长明显，多次获奖。

你认为上述的总结好不好？可夏一航不同意。他认为上述成果的关键在于能及时扫清学习路上的障碍，即养成了先预习后听课的习惯。你相信吗？

1. 预习的作用

有人做了这样的研究：每节课预习十分钟，浏览一下下一堂课要讲的内容，记下主题和重要的概念，抄下不熟悉的术语，熟悉一遍课后的思考题，就可以节省一个小时的复习。预习为什么有如此大的神通呢？

(1) 扫清学习障碍：我们知道上课有两个特点：一是新学知识要用到旧概念，由于知识的科学性和系统性，所以新知识与旧概念之间有着千丝万缕的联系。二是老师要面对全班学生讲课，他只能按一定的速度去讲。如果你在听课时出现了障碍，要翻旧书也来不及，也不可能。如果问老师或其他学生，势必要影响讲课或干扰其他同学听讲，也不行。因此在听课过程中发生学习障碍时才想搬救兵来解决障碍的办法是行不通的。而预习却恰恰可以解决这个问题。有位初三学生讲过这样的例子：在上物理课时，老师讲到热量的单位“焦耳”，就是初二时学过的功的单位(沪科版初中物理教材)，由于他在预习时，对这个单位进行了复习，弄明白了，因此听课时就觉得很容易。否则，很有可能因为这个“单位”造成的障碍，而听不懂新内容。在预习过程中必然会有部分内容看不懂，通过“火力侦察”，就可以发现自己知识上的薄弱环节。如果在上课前就补上了这部分知识，使其不至于成为听课时的障碍，这就会给课堂学习带来直接好处。它对于建立新旧知识间的联系、逐步建立起概念系统、促进知识的系统化都起着重要的作用。

(2) 改变被动局面：对于学习基础比较差的学生而言，上课时的最大问题在于老师讲的内容听不懂，或只能听懂一部分。这样的学习，势必使这部分学生学习经常处于被动的状态。而预习却可以使这些学生结束学习中的这个“恶性循环”。预习可以扫除课堂学习中的知识障碍，使课堂学习的状态发生质的变化。由被动接受变为主动吸收，大大减少了因听不懂课而浪费的学习时间。上课听懂了，课后复习和做作业的时间也就大大节省了。当然，预习要做得充分，开始还得费点时间。而从提高学习效果上讲，它与课堂听讲、课后复习以及适量作业所取得的效果相比，显然是微不足道的。但随着时间的推移，学习上的被动局面就会改变，学习的自信心就会不断增强，学习成绩的上升也就在情理之中了。

(3) 提高听课质量：由于你的预习时间有限，个人能力也有限，因此单凭预习不可能把新内容全部理解，总会留下一些不懂的问题，盼望着通过老师课上讲解而得到解决。这样，听课目的就显得十分明确，注意力也就容易集中，听课的效率也就可想而知了。当老师讲到预习时已经理解的那部分知识时，还可以把老师的思路和自己的思路进行比较，看老师是怎样提出问题、分析问题和解决问题的，老师的思路比自己的思路高明在什么地方？自己是否理解正确？经过这么一番比较，就可以取长补短。不仅使知识掌握得更加扎实，而且能提高学习的主动性。由于抢在老师前面思考，实际上又等于复习、巩固了一遍。所以你在听课时，对老师讲的内容以及黑板上的板书内容，书本上有没有，心中就比较清楚。凡是书本上有的，上课时就不记或少记，也可以留出空白待下课后补记。这样，你的课堂笔记可以着重记书本上没有的或自己不太清楚的部分，以及老师反复提醒的关键问题。这样做，就可以把更多的时间用在思考和理解问题上。由此可见，预习确实是提高课堂学习质量的好方法。

(4) 培养自学能力：扬州籍院士何祚庥在为树人学生作"做人、做事、做学问"的报告时说：他的自学能力就是在课前预习的坚持中培养起来的，如图 1-2-3 所示。因为预习是你自己第一次独立地接触新的知识，要自己读、自己想。如果你长期坚持预习，慢慢就会阅读速度变快，思路开阔、思维敏捷，就会善于分析、综合、归纳、演绎、抽象、概括、比较和分类，这样就能较快地发现问题，就能抓住问题的本质。这种独立地获取知识的自学能力一旦形成，就近而言，可以大大提高你中学阶段的学习质量；就远而论，可以提高你以后上大学、干工作乃至一生的学习效果，是终身受用的明智之举。

图 1-2-3

2. 预习的任务

预习对你的学习既然如此重要，你就应该义无反顾地养成课前预习的习惯。接下来的问题是你还应知道，预习有哪些具体任务。一般来说有以下四点。

(1) 了解课本内容：就是对下一堂课要讲的内容有个初步的了解。对课本中的生字、新词、概念、术语、现象、规律、公式、定义、观察、实验等有大致的印象，对课文或下一堂课所学的内容层次有个初步的认识。

(2) 联系新旧知识:复习、巩固和补习有关的旧知识、旧概念,并把所要学的新知识、新概念进行粗层次的联系。

(3) 找出重点难点:就是要找出课文中的重要内容和难以理解的知识点,尤其对那些似是而非、似曾相识的知识要引起特别注意,做个记号,以便上课讲到这些知识点时引起高度重视。

(4) 做好预习笔记:选择一些重点学科尝试做预习笔记,用彩笔在课本上初步划出知识要点,并适当做一点批注。然后再合上课本,动脑思考:下节课老师要讲什么问题? 自己懂了没有? 与新问题有关的旧知识有哪些? 自己是否已经掌握? 还有什么问题没有解决需要老师来讲,等等。为了使上述思考有个支撑点,把思考的线索写在预习笔记上,以便学习时更加专心,还可以检查学习效果。

3. 预习的依据

要使自己的预习卓有成效,还必须以老师的教学要求、不同学科的具体特点以及自身的学习情况等作为依据。预习的一般依据通常有以下三点。

(1) 教师要求:中学老师一般都有要求学生有预习的习惯,但他们的预习要求是各有不同的。有的老师每节新授课前都要求预习,还要布置预习作业,如数理化等老师。有的要求对一篇文章进行预习,如语文、外语等学科的老师。有的则只要求学生对课本中的某一部分进行预习,如政治、历史、地理等学科的老师。有的老师要求学生只粗略地浏览一番即可,有的老师要求找出重点、难点、疑点来。有的老师要求学生做预习笔记,也有的老师要求学生只要在课本上把重点的知识圈圈点点即可。因此,你的预习必须按照老师的要求具体安排好相应的内容。

(2) 学科特点:如上所述,不同学科的特点不同,对预习也提出了不同的要求,其预习的方式也就各有千秋了。有的学科如数理化知识的连贯性很强,要求预习得比较精细一点,特别是对例题的规范要求、解题步骤等一定要认真把握。有的学科如历史地理等,事实多、理论少。预习时可以粗略一点,只要列出一些预习提纲就可以了。还有一些学科,在起始阶段,内容较浅,如初中物理的现象篇,可以采取一个章节或一个单元的阶段性预习,效果比较理想。也就是说预习的方式必须以学科的特点为依据,方能预有所获,习有所得。

(3) 自身情况:预习内容的多少、方式的选取、时间的安排等除了要符合老师要求和学科特点外,更重要的一条就是必须适合自己的学习情况。对自己学习较差的学科,要加强预习,可以多用一点预习时间。对自己很感兴趣、成绩又较好的学科,可作粗略的预习,时间的安排就可以少一些。如果以前没有预习的习惯,现在一下子要改变可能不适应,不妨先选一两门自己学习感到费力的学科进行预习,等尝到了甜头后,在时间许可的情况下再逐渐增加学科,直到全面展开。切莫为了预习而打乱正常的学习秩序,要在当天的学习任务完成以后方可预习。即预习应以你本人的原有基础、自学能力、学习习惯等自身情况为依据进行安排。

4. 预习的方法

预习的方法很多,现介绍七种方法供你参考选用。

(1) 分步预习:这是一种最常用的也是最基本的预习方法,基本过程可分下列五步。①总览:察看章节的标题、前言、综合性段落,察看列成条目的材料、图片和表格,搭好知识框架。②浏览:了解知识要点,初步理清知识脉络。③阅读:从头到尾快速通读课本内容,加深印象。④笔记:放下书本,把重点、难点、疑点和关键词进行识记。⑤联想:把阅读过的课本内容与你了解的知识相联系,进行联想,加深理解和印象。

(2) 循环阅读:古人云"故书不厌百回读,熟读精思子自知",读书之法,在于循序渐进,熟读而精思。根据这一道理,预习时,可以对一篇文章或一个单元乃至一本书进行有目的地循环往复的阅读,从而逐渐加深理解,以致达到融会贯通之目的。此法尤其适用于语文学科的预习。

(3) 自问自答:就是在预习课本内容时多问几个为什么,是自己边提问题边思考边解答的一种预习方法。该法比较适用于理科的预习。它有下列特点:①放慢速度:读到关键处进行自问时放慢速度,关注所读的每一个关键字,并进行自思、自解。②反复阅读:当你读不下去时,说明有问题障碍,这时应自觉地反复阅读,自问自答,直到读懂为止。③积极探究:就是对预习的新知识、新内容进行认真思考,积极探索、钻研,不断提出疑问,直到成为自己的东西为止。

(4) 悬思测读:就是在预习阅读时,在紧要关键处,有意识地来一个卖关子,突然停下来,前前后后想一想,作一番悬思猜测,然后再说、再读、再猜、再想的一种预习方法,该法源自于读章回小说。读书者大概都有这样的一种体验:或者两员虎将厮杀得将分胜负之际,如图 1-2-4 所示;或书中主人公危难临头之时,作者往往在这个节骨眼上卖关子,忽然停住,给人留下一个悬念。善读者读到此处不急于抢读下文,而是掩卷自思:两将究竟谁胜谁负?主人公命运如何?经过一番悬思猜测,当作者思路与你猜测相同时,你会自然而然地露出得意之色。当作者的思路出乎你所料,另辟蹊径,别开生面之时,你也不禁为之拍案叫绝。

图 1-2-4

(5) 眉批注释:在预习某一章节时,先前后粗略地看一下,这一章节讲哪些内容?分哪几个部分写的?在阅读具体的内容时,将重要的句子、定义、定理、定律、概念等画线做个记号,加以眉批注释。当然,这些记号也好,眉批也罢,可因人而异。如有的用

"○"表示定义，用"△"表示概念，用"★"表示重点，用"?"表示疑点，用"▲"表示难点等等，不必千篇一律，以方便记忆为佳。利用此法在分析某一小节与整节关系时，可以提出几个问题：什么内容？怎样定义？为什么这样提出？结论怎样？有何注意之处？把这些设问写到书本中的空白处作为眉批，最后进行整节联想。只要先粗后细，即先看眉批，再看重点、难点、疑点。这样，你对课文中的内容就一清二楚了。到了上课时，老师的点拨就会与你的预习时的符号、眉批发生共鸣，其效果是可想而知的。

(6) 自立求教：就是你把要预习的内容先阅读一番，并独立地进行思考，把难点和疑点问题先找出来，在上课的时候向老师请教。或者把自己对这些问题的想法和见解摆出来和同学们一起研究讨论，直到把这些问题全部弄懂为止的一种预习方法。这种方法，能使自己早有思想准备，上课时能迅速跟上老师的思路，而且带着问题进行听课，就会使听课的注意力更加集中。

(7) 系统预习：这是一种有助于你系统学习的预习方法，分五步进行。①浏览：你拿起一本新书，不要一章一章地读下去，应先大概地看一遍，了解全书内容，并参考课程标准，明确学习要求。②发问：在你迅速浏览全书的同时，简要地记下有关问题，并一边读书，一边考虑书中提出的某些观点，把它们与自己刚刚掌握的相关观点联系、比较。③阅读：这是细读的过程，有时还需要翻到前面已读过的有关章节，以便记住某些概念、定义、论点、论据。④背诵：主要记住主要的概念、定义、规律、要点等。⑤复习：对上述预习内容进行及时复习，使其较长时间保持在自己的脑海中。应用此法需要的时间较长，一般都安排在假期中进行。对于上述每一步所需要的时间，将取决于你所学的科目与你原有的基础。

信息窗

预习类型

预习从时间和内容上可以分为以下三种类型。

1. 课前预习

这是最基本、见效最快的一种预习。在讲课之前先学习一下下节课的内容。

2. 阶段预习

这是指预习一章或有关的几章内容，它需要比较长的时间才行。这种预习，往往对老师打破教材顺序，按知识体系进行教学的方法比较适宜。

3. 学期预习

这是指开学前，在假期里，把新书先看一遍，了解一下课程的知识体系，以便站在全局的高度进行学习。全国著名教育改革家魏书生经常训练学生的这种更大跨度的学期预习，他的学生在下一个学期一开学就进行期末考试，这其实是在检查学生在假期中的预习效果。

解密室

探索路障

预习是提高你学习成绩的有效途径，它使你在课前就已经把学习路障探索清楚，如图1－2－5所示。你就会胸有成竹地带着问题去听新课，其学习效率可想而知，而且还能提高你的自学能力。难怪夏一航同学将它总结成其学霸的真正原因。

图 1－2－5

不过，这里需要提醒你的是：预习是必需的，但过分了也会适得其反的。预习要讲究方法，但也不要过分依赖某种方法，必须与你的习惯、水平、学科特点、老师风格等紧密地联系起来，逐步形成你自己的、具有你个性特色的预习方法来，那才是可喜可贺的。

演练场

小试牛刀

请你根据夏一航同学破纪录的故事，结合自己对预习的理解，撰写一篇“我的预习感悟”千字文，让你的父母给其作出“合格、优秀、点赞”的评价。

第三节 堡垒攻克

小故事

非常自信

图 1-3-1

"我对这个分数不感到意外，"这是《扬州晚报》记者见到这位学霸时，学霸说的第一句非常自信的话，"但是我对数学不太满意，因为这次数学有个不该有的失误，最后一题的倒数第二问，计算错误扣分。"这位学霸就是树人学校以 761 的总分荣获 2016 年扬州市中考第一名的华嘉宁，如图 1-3-1 所示。

他中考成绩是：语文 135 分，数学 148 分，英语 119 分，物理 100 分，化学 99 分，政治 50 分，历史 50 分，英语口语 30 分、体育 30 分。

其班主任这样评价他：整个初中阶段，他的成绩一直非常稳定，尤其初三的三次模考他都是全校第一名。他兴趣广泛，酷爱踢球，初三上学期还踢了 20 多场。他很严谨，别人有些内容学得很模糊，但他不会，一定要把这个知识点理清楚。同时他也很热心，经常给同学讲题目。

记者问他从模拟考试第一名到中考第一名，这里面是否有什么诀窍？华嘉宁坦言，学习方法其实没什么，"主要是上课认真听讲，因为很多东西都没办法在课后弥补。"

点金石

中心环节

从华嘉宁的上述故事中，我们可以看出他对自己的学习是多么的自信。那这份自信来自何方？来自他对上课认真听讲的理解和把握："对于这些我们在校的学生来说，老师的讲课毕竟是我们获取知识的主要来源。如果我们上课轻视听讲，那么我们就是在最严重地浪费时间。""课堂上，老师的讲解分析、启发点拨，不管内容的连续性、生动性，还是方法的系统性、灵活性，都比课后辅导详细得多，更是一般同学看书远远不能比及的"。这是多么富有哲理的深刻感悟，他对成功秘密的回答是令人信服的。

1. 听课的作用

听课是你学习的最主要方式，也是你智能得到培养的重要环节。它是你接受人类文明的最简捷、最有效的途径，也是你磨炼智力的最好砺石，对你的健康成长、素质的全面发展都有着巨大的作用。

(1) 发挥中心作用：一个完整的学习过程一般包括：计划→预习→听课→作业→复习→考试→小结等七个环节，听课则是其中的一个中心环节。其他六个环节都是围绕听课这一中心环节而展开的。因此，你应当在学习过程中，抓住听课这一主要环节，珍惜课堂上的每一个 45 分钟，刻苦努力，才能取得理想的学习效果。

(2) 接受知识捷径：我们知道，一切真知都是从直接经验起源的，人类社会经过成千上万年的发展，积累了大量的知识财富，而且这些知识还在激增。人生短暂，不可能通过直接感知的方法去掌握人类文明。你要想在六年左右的中学时代掌握人类几千年所积累的丰富知识，并在此基础上有所发展、有所创造，最有效的捷径就是课堂学习。从公元前古希腊的亚里士多德起到牛顿建立经典力学为止，共经历了两千多年的漫长岁月，所获得的人类对机械运动的认识，对今天的中学生来说，在课上只需要接受老师几十个学时的指导即可掌握。所以听课是你获取知识的捷径。

(3) 磨炼学生智能：人们常说：无知必无能，说明知识的掌握是智能发展的基础，然而有知也未必有能。如我国东汉的胡广，知识十分渊博，当时有"万事不理问胡广"之说。但他的智能却是一般，终身未有重大建树。因为智能必须在掌握知识的磨炼中才能得到发展，而课堂教学中的听课恰恰为这种磨炼创造了极好的机会。在课堂上，老师时而启发诱导，时而释疑解惑，时而鼓励褒奖，时而纠正错误。老师始终围绕着学生，为学生引路导航，指点迷津。所以，听课还是磨炼你智能的极好砺石。

(4) 促进个性发展：在听课过程中，老师和你都是作为有思想、情感、意志、智力、体力的人而协调活动的。教学过程中不可避免地贯穿着知情意行的交互作用以及智力和体力的相互影响。因此，在课堂学习的过程中，在你掌握知识、形成技能的同时，你的智力、能力、气质、情感、意志、性格等个性特征也必然会获得发展。诚如教育家杜威的学生克伯屈所说：除了旧式学校规定学习的算术或者历史或者地理以外，每个儿童还对老师、学校、儿童自己、学科产生思想、情感和得出结论。因此听课活动能有效促进你个性的健康发展和素质的全面提高。

2. 课前的准备

许多学者回顾自己的学习生涯，不无感慨地说过：有时课堂学习质量差的原因不在课内，而是在课外没有做好充分的准备工作。俗话说“不打无准备之仗”，就是这个道理。因此在上课前，你应当做好以下四个方面的准备工作，如图 1-3-2 所示。

图 1-3-2

(1) 心理准备：用心观察你会发现，有的学生只要一进课堂就忧心忡忡，心神不宁，没有丝毫的求知欲望，总盼望早点下课。有的学生对听课抱无所谓的态度，想听就多听一点，不想听就做他自己的事。也有的学生只要一见到老师进教室，就精神振奋，总期盼着上课时能跟老师多学点新知识，多解决些新问题，老师在他们的心目中是精神智慧的化身。上述三种情况的学生，反映了三种不同的心理状态，其根本原因在于他们在上课前的心理准备是否充分。充分的心理准备表现在下列四个方面：一是有明确的目标；二是有旺盛的求知欲；三是有高度的自觉性；四是有顽强的毅力。因此，你在上课前，首先要做好心理准备，才能使你的听课始终达到最佳的效果。

(2) 知识准备：我们知道，任何学科都有其严密的知识体系和逻辑结构，尤其是数学、物理、化学这三门学科。讲授一堂新课，既要涉及许多旧知识、旧概念，又要学习一些新内容、新问题。如果你在课前没有做好知识上的准备，听课时就会出现认知障碍，你就会听不懂，或者无法听下去，从而使听课效率大大降低。知识准备的最好方法就是课前预习。在预习的过程中，你会对听不懂的认知障碍有充分的思想准备，听起课来就会集中专注、效率倍增。

(3) 物质准备：就是把上课用的书、练习册、笔记本、草稿纸和其他学习用品在课前就准备好，以免上课因寻找这些用品而影响听课效果。为了有备无患，你应该养成课前整理书包，准备好该课学习用品的良好习惯。

(4) 身体准备：有人把人的生活方式分为两种类型：一种是“百灵鸟”型，其主要特点是早睡早起，白天精神特别好。另一种叫“猫头鹰”型，其主要特点是晚睡晚起，夜里精神特别好，白天上课的精神就势必很差了。因此，“百灵鸟”型的生活方式比较符合课堂学习的需要。如果你有晚睡晚起的生活习惯，就应该查找原因，迅速改变为“百灵鸟”型的生活习惯，从而使你的学习生活步入正常的轨道。因此，课前的身体准备万万不可小视，身体才是你学习的本钱！

3. 听课的要求

在课前准备充分的情况下，你可以听课了。不过为了使你的听课效率更理想一些，你还应当抓住听课中的几个关键问题，才能听而有获。

(1) 专心听讲：就是说要集中注意力听老师讲课。如果你听课不集中注意，知识的阳光就无法照射进来。有这么一个故事：东晋时，秦王符坚率领九十万大军南下，企图一举灭晋。谢安令谢玄领兵八万前去迎敌，敌我双方力量悬殊。谢玄忧心忡忡，来见谢安请求增兵，谢安未置可否，叫谢玄下棋。平时谢玄棋高一着，这天他却数盘皆输。显然，谢玄败就败在注意力不集中上。下棋如此，听课又何尝不是如此呢？那么怎样才能使你保持注意力集中，做到专心听讲呢？①尽快入境。预备铃一响，就要迅速进入积极的学习状态，可以回忆上节课老师讲的内容，也可以回忆预习时的思路和没有解决的问题。由于一上课就想着需要迫切解决的问题，你就会积极主动地去听讲和思考了。②自我提醒。在听课时，要时常提醒自己：上课时间是极其宝贵的，机不可失，时不再来，要寄希望于课内，尽量强制自己，使自己的思路与老师的思路一致。③分工负责。听课时，各感觉器官分工负责，头脑思老师之所讲，眼睛观老师之表情，耳朵听老师之讲授，嘴巴答老师之所问，用手跟老师做实验或有选择地记笔记。④严防"掉队"。上课时，老师总是要从一个问题讲到另一个问题。如果你第一个问题没有听懂，请不要在课上死钻牛角尖不放，而是要先记下来，接着往下听，不懂的地方可以在课后再去钻研。这样就保证了听课的连续性，不会造成听课掉队而"走神"。⑤课间休息。课间十分钟最好离开教室，到室外散散步，吸收点新鲜空气。通过积极的休息，使大脑及时消除疲劳。

(2) 当堂弄懂：就是要求把本堂课所学的内容在课堂内集中解决，直到彻底弄懂弄通为止。要达到当堂弄懂这一要求，你可以从以下三个方面着手解决。①积极思考。就是在听课时，要把听课的重点放在认识事物的思考过程上，老师讲到哪里，你就想到哪里。千万不要跳过认识事物的思考过程而直接去背结论。②强化理解。要充分利用老师安排给你的机会和时间，阅读分析新授知识，深刻理解课堂内容，讨论解决疑难问题。③巧记笔记。记笔记是为了帮助你理解记忆。记是手段，理解才是目的。记笔记时应有选择地去记，课本中的重点、难点，听课中的疑点以及老师补充的内容要记。记笔记时，推理性较强的宜详，叙述性较强的宜略。这样记笔记就使你有充足的时间去理解知识，保证能当堂弄懂。

(3) 思路清楚：扬州高考第一名夏泽君同学在给母校初三学生介绍她的学习方法时说，她在中学时因物理成绩优异，老师特许她上课可以不听，但她每节课仍然听得很专心，如图 1－3－3 所示。老师想，她已经懂了，还在听什么呢？直到老师看到她的学习总结后才找到了答案：“虽然老师讲课的内容我大部分都掌握了，但老师分析问题、解决问题的思维方法我还没有学到手。我听课目的是把自己的思维方法与老师的思维方法作比较，找出差距，培养自己的思维能力。”因此你在听课时应特别注意弄清思路，比如，这节课的内容是怎样从上节课内容的基础上发展而来的？在本学科知识体系中处于怎样的位置？有何作用？思路弄清了，理解记忆也就容易了。

图 1－3－3

(4) 抓住关键：随着你年级的升高，科目越来越多，学习的内容越来越深，如果不抓住关键听课，就会影响课堂学习的效果。这里说的关键，一是指知识内容上的关键，即基本概念、原理、公式等关键内容；二是指科学特点上的关键，即理、化、生学科要以观察、实验、思考、概括得出的科学概念和规律作为听课的关键，数学学科要以知识发展的脉络和获得数学知识、培养数学思维能力作为听课的关键，语、英等学科要以字词句章和听说读写能力的培养作为听课的关键。

4. 听课的要点

听课除了要满足上述的四个要求外，还应把握以下四个要点。

(1) 重在过程：学习的目的在于增长知识，发展智能。跳过认识事物的过程，只抓结论，到了应用时就会茫然失措、生搬硬套、张冠李戴，影响学习效果。因此，你在听课时，千万不能只重结果，而应更加重视过程。

(2) 贵在理解：按照认知领域的分类，识记只是认知领域中最低的一类。在识记与应用之间的认知层次是理解。理解知识是熟练应用知识的基础，也是记忆知识的有效方法。因此你在听课时应杜绝重记忆、轻理解的不良习惯，在理解上多下一些功夫，用理解性记忆来代替死记硬背。

(3) 智在善问：在课堂教学中，师生对话是师生之间传递信息和进行情感交流的最重要的渠道。你在听课时，千万不能怕老师向你提问或等着老师向你提问。最好的办法是你要积极主动地向老师提出问题，勇敢、大胆地发表自己的看法，如图 1－3－4。这不仅有利你自信心的增强和良好表达能力的提高，还有利于你创新能力的培养。

图 1－3－4

(4) 心在全课：就是说听课既要注重开头，还要留心结尾。你要知道老师的开场白一般是既复习上节课知识，为本节课作好知识铺垫，又道出了新课的重点和主题。而结束语则是对本节课必须掌握知识的概括和总结。因此你在听课时，要集中精力，重视老师的开场白和结束语，听课切忌虎头蛇尾或无头无尾。

信息窗

听课特点

预习是个人的学习行为，听课则是集体的学习活动，它有下列三个特点。

1. 时间长

有人把中学阶段称之为人生的黄金时代，因为这个时期，是人们知识拓展最宽，接受新知识的能力最强，潜能开发最佳的时期。而这黄金时代的大部分光阴就是在课堂里度过的。一年十二个月，你大约有九个月在上课听课。每学期要上六百多节课，六年下来将要上到七千多节课呢！如果从幼儿园、小学计算到大学毕业，那听课的时间就更长了，可以说你一生中四分之一的年华是在课堂教学活动中度过的。由此可见，如果你在听课时还不专心致志，还不把它作为你学习的中心环节来看待，那简直就是“捡了芝麻丢了西瓜”，大有所失了。

2. 效率高

听课的主要任务是在老师的指导下，继承人类的长期实践总结出来的宝贵的知识财富，并在这个过程中增强智力和能力。通过听课学习，只需用十几年时间就能把人类几千年认知中最重要的基本知识继承下来。老师，经过专门的师范教育，掌握了课堂教学的一整套教学理论和教学方法。由于专攻一门学科，具备了教一门学科的专业知识，大学毕业后又在教学实践中积累了丰富的教学经验，再加上继续教育、业余进修和教学基本功考核、比赛等。所有这些，都保证了老师能用科学的教学原则和灵活的教学方法，把人类总结出来的知识快速高效地传授给你，并巧妙地培养你的各种能力。老师一节课讲的内容有可能是一个科学家研究一生才得来的成果，如图 1－3－5 所示。

图 1－3－5

3. 集体学

老师讲课时总要面对几十个情况各不相同的学生，由于他们原有基础、兴趣爱好、接受能力、认识水平等的差异，本来比较简单的教学内容实践起来变得复杂。然而老师，哪怕是再优秀的老师也不可能针对每一个学生的不同情况进行个别的教学，只能按大多数学生的水平来。这就必然导致有的学生“吃不饱”，也有的学生“吃不了”。因此，你要充分认识到课堂集体学习的这一弊端，在上课前做好思想、物质、知识的准备工作，以争取听课时的主动权。课前预习就是最好的办法。如果你基础较差，接受能力又一般，还不预习，课堂上就会有听不懂的时候，你就会开小差，注意力不集中。这不仅意味着学习时间的浪费，也预示着你学习危机的到来。

解密室

攻克堡垒

听课是你整个学习过程的中心环节，是接受人类文明最有效的捷径，是开发你智能的最好机会，也是激发你兴趣的最主要渠道。希望你以华嘉宁同学为榜样，把听课作为攻克学习上的堡垒看待。在作好充分准备的基础上专心听讲、抓住关键、当堂弄通。把握好听课力度，重在过程、贵在理解、智在善问、心在全课。形成良好的听课习惯，相信你一定会取得优异成绩的，加油！

演练场

小试牛刀

请你根据华嘉宁同学对听课的感悟，结合自己对学习的理解，撰写一篇“我的听课方略”千字文，让你的父母给其作出“合格、优秀、点赞”的评价。

第四节　成果巩固

小故事

中考黑马

2013 年的中考，树人学校冲出了一匹黑马，以 763 的高分成为扬州市的中考第一名。这匹黑马就是李佳一，如图 1-4-1 所示。

图 1-4-1

我们来看看她的成绩单：语文 145、数学 148、英语 113、物理 98、化学 99、政治 50、历史 50、体育 30、口语 30。刚听到这个成绩时，她的班主任有点不相信，直到反复确认才定了神："这个丫头初一成绩不错，但是到了初三有点下滑，几次模拟考试都是处于年级 100 名左右。"李佳一平时非常刻苦、学习很用心，虽然模拟成绩有点下滑，但及时调整了过来。

记者见到李佳一时，她有点不好意思："确实没有想到，因为平时成绩没有突出到全市第一名的地步。"但她坦言："三次模拟考试虽然给我打击特别大，但我心中还是有底的，因为我采取的是与其他同学不一样的复习方法，就是不以考试内容为转移，而是在脑海中系统地整理着我的知识结构体系。我的应变能力就是在这些无形的知识结构体系的逐步完善中不断提升的。"其实，她基本没有偏科，政治、历史、体育、口语都是满分，语文、数学、物理、化学几乎接近满分。

谈及自己的学习秘诀，李佳一这样认为自己："不属于死读书类型，平时喜欢下围棋，坚持了很多年。下围棋，锻炼的是一种理性的思维。我小学一年级接触围棋，觉得很有趣。因为围棋有断杀，也要考虑全盘，对思维的全面性提高有帮助。这就在无意之中，形成了我自觉地将零散知识优化成系统结构的习惯，可能就是我这次成功的原因吧。"

点金石

及时复习

李佳一同学对中考的反思很有见地:形成自觉地将零散知识优化成系统结构的习惯。所以她在中考复习时,不以考试内容为转移,而是在脑海中系统地整理着她的知识结构体系,其应变能力就是在这些无形的知识结构体系的逐步完善中不断提升的。这就是复习的神奇效果,它是你整个学习过程中的一个重要环节。

1. 复习的作用

复习对于学习的重要作用,中外名人学者都有深刻的论述。如孔子(图 1-4-2)说:“学而时习之,不亦说乎?”“温故而知新,可以为师矣!”教育家乌申斯基把复习比作大厦,认为复习的作用在于巩固建筑物,而不要去修补已经倒塌了的建筑物。

图 1-4-2

(1) 巩固知识:复习之所以重要,是由记忆与遗忘的规律所决定的。记忆可分为瞬时记忆、短时记忆、长时记忆这三种形式。瞬时记忆的特点是能在一瞬间保存全部感觉的材料,但会很快消失。你在学习中如果对这个瞬时记忆加以重视,它就可以转化为短时记忆。而短时记忆的材料,经过多次复习,通过大脑编码后,就可以存入大脑成为长时记忆。根据这样的记忆规律,你在新课结束后必须及时做好课后复习,使新学知识持久保存。艾宾浩斯遗忘规律告诉我们:遗忘的发生是先快后慢的,其曲线如图 1-4-3 所示。在识记后的短期内,尤其在两天内的遗忘率较高,遗忘速度也较快,以后会渐渐地变慢。根据这一规律,你应及时复习,赶在两天之内,最好在当天就把新学的内容复习一下,就能事半功倍。

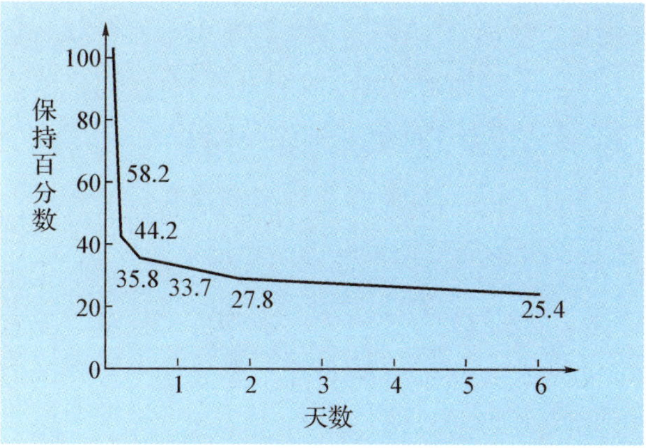

图 1-4-3

(2) 查漏补缺:通过复习,对知识结构中的缺陷或遗漏的知识及时给以查找或补充，从而使所学知识完整化。

(3) 融会贯通：通过复习，你能加深对新授知识的理解程度，以至于达到融会贯通、运用自如的地步。也会让你所学的知识更加系统化，这样应用起来就会得心应手。

(4) 温故知新：通过复习，对学过的知识深入钻研，还能发现新问题，形成新知识。许多学者、名人的重大科研成果，往往是在对旧知识的回忆复习的瞬间，闪过灵感的火花，再凭他们厚实的知识功底，有了新的发现，上升为新理论，成为新成果，如开普勒行星运动三定律的发现，如图 1-4-4 所示。

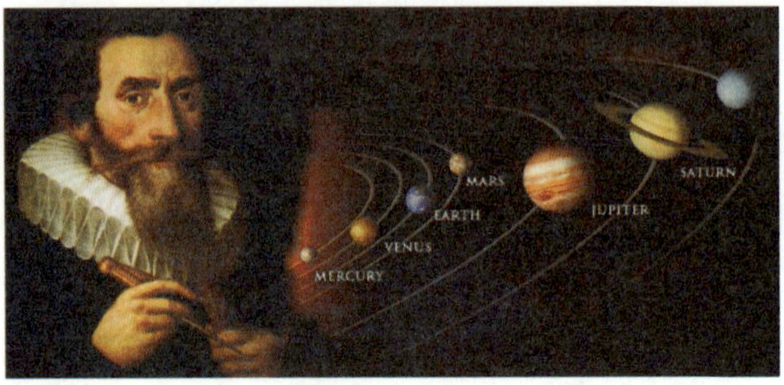

图 1-4-4

2. 复习的程序

课后复习面广量大，又往往易受忽视。你必须高度重视，做好以下四件事。

(1) 尝试回忆：就是在做作业前，试着独立地把老师课上所讲的内容回忆一遍。或者就下列问题在课后考一下自己：①今天老师讲了哪些问题？②哪些知识已经懂了？③哪些知识还不完全懂？④哪些知识根本还不懂？如果你能独立地回忆出全部或大部分内容，那就说明你当天的听课效果不错，或自己的记忆还可以。如果你回忆不起来或在回忆出部分内容后被“卡”住了，需要翻书看笔记方可接着进行，你就要及时查找被“卡”住的原因，以便改进预习和听课。为了使回忆的思路更清楚一些，你也可以把回忆的重点及其线索简要地写出来。每回忆一次，都需要把头脑中所存储的知识提取一次，而每提取一次就能使知识强化一次、巩固一遍。所以，课后尝试回忆正是你使所学知识得到进一步巩固的一个好方法，也是一种积极的复习手段。

(2) 看教科书：教科书是教育专家、学者、有经验的特级教师根据课程标准和知识的科学体系，针对学生的年龄特点和社会发展的需要而编写的。它简洁精要、严谨深刻，是其他参考书所无法替代的。它是老师教、学生学的共同依据，也是老师考核学生的主要依据。如果你在尝试回忆学习内容后，再来看教科书，就能更好地组织知识网络。由于看教科书是在预习、听课和回忆的基础上进行的，所以，对于上课已经明白和记住的部分，就不需要再多花时间了。此时就可以把时间和精力用在回忆时想不起来或记不清楚或印象模糊的部分。看书时，可用彩笔把书上的重点部分、新概念或容易忽略的部分标出，也可以在书的四周空白处记下简要的体会和高度概括课本内容的语言，以及有利于记忆的、带提示性的语句，以便以后再翻阅时，能迅速抓住要点，回忆起关键的内容来。教科书上每出现一个新概念时，还可以在空白处相应位置上把概念的名称写出来。这样，教科书又成了字典，复习时查找起来很方便。

（3）整理笔记：听课笔记不应当仅仅成为听课的记录本，而应当通过平时不断地“加工”整理，成为复习时真正有用的宝贵资料。复习时，通过思维活动会使自己的知识体系更为充实、完整。所以，在你尝试回忆、看教科书的基础上，根据听课时的记录，再将取得的学习成果、体会、启示以及存在的问题，在原听课笔记的相应位置记录下来，形成复习笔记。有了这样的复习笔记，就可以使你所学的知识内容由多而杂向少而精转变。有人把这样整理好的复习笔记比作组建“知识大厦”的预制件，有了这个预制件，在阶段复习或专题复习时，就可以大大加快组建“知识大厦”的进程。写一遍胜过读十遍是不无道理的，因为写的时候自然要用脑、用眼，嘴里也可以同时将所写的内容轻轻念出，从而加深了所写内容在大脑里的印象。所以，及时整理笔记，对增强记忆、减少遗忘是十分有效的。当然，整理笔记是为你自己服务的，这也应该符合你个人的特点，由你本人对每个问题的掌握程度来决定笔记的详略。平时在整理笔记上花的时间不能过多，要根据实际时间来决定你整理笔记的深度和广度。记时尽量做到简明、扼要，可以使用一些符号或采用表格形式，只要你自己看懂就行，以便节省时间。

（4）读参考书：为了拓宽你的知识视野，在尝试回忆、看教科书、整理笔记的基础上，借一两本相关的参考书来读，也不失为明智之举。现在的学习参考书很多，怎样使用这些参考书，为你所用呢？①选好参考书：每门课程选择一本参考书就可以了，其他的可作一般性参考，不能看得太滥。②读看应有序：应当在阅读教科书并对有关知识有一定了解之后，再去读参考书。当然，当教科书中有的内容过于简洁，自学有困难时，也可以先读参考书，再看教科书。③围绕中心读：拿到一本参考书后，可以先大概地翻一翻，了解一下基本内容。真正阅读时，应当以老师讲授的内容或自己发现的疑问为中心去阅读参考书中的相关部分。参考书中有些问题是从不同角度加以阐述的，这样不仅能加深你对原有概念的理解，拓宽你的知识视野，还能学到许多知识和方法。在读参考书时，请你也不要忘了把精彩的内容、诱人的题目摘进你笔记中。

3. 复习的方法

方法得当，有助于复习质量的提高。现介绍四种方法，供你复习选用。

（1）分散复习法：就是把所学的知识分几次复习，以达到会背程度的一种复习方法。在一定程度上，它比集中复习的效果要好。其原因是：集中复习时，脑神经负担过重而易产生抑制心理，使你感到劳累，记忆效果当然就差，不容易记住东西。而分散复习则可以有效保持脑神经的兴奋度，间隔复习还能起到巩固知识的作用。

（2）变化复习法：这是利用变化多样的组织形式进行的一种复习方法。如果你在复习中除了抄写、背诵外，还能用举例说明、材料对照、比较分析、绘图制表、书写提纲、自我提问等多种方法，不仅可以避免单调，还能从多方面为复习材料建立联系，使复习真正成为一种有意义的感知活动。

（3）集中释疑法：就是把平时在上课、复习、作业中遇到的疑难问题集中起来进行钻研，或自己解决，或求教于老师，或与同学讨论，或与父母商讨，以求释疑解惑、理解透彻的一种复习方法。你可以将平时的作业和考试中的错题集中起来再做一遍，做对了说明你对这些知识已经理解，做错了就必须高度重视，要立即温习相关知识，查找错误原因，采取改进措施，以达到复习巩固之目的。

（4）例题引路法：对教科书中的例题要高度重视。复习时首先要独立做一遍，在确信理解之后，合上书本，靠你的记忆来解题。如果你被难住了，就对照书本再检查一下，然后再做一遍。一旦理解了解题过程的始末，再做其他试题时，就可以达到举一反三、熟能生巧的效果。这是复习中一种最快捷的方法。由于你在中学阶段学习的时间较长，有些内容可能已经忘记，这也在所难免。用这种方法来复习，可以使你的记忆力迅速恢复，并且能掌握知识的来龙去脉、本质所在。这比沉入题海、滥做题目的“题海战术”要高明得多。

信息窗

复习要点

复习一般分课后复习和系统复习两类。课后复习是为了理解、巩固当天所学知识而进行的复习。系统复习则是用比较集中的时间，对学过的所有知识进行再加工的一种复习形式。它是迎接考试评估的重要环节，尤其在期末或中考、高考的总复习时，其作用更为突出。在系统复习时，你应注意下列六个问题。

（1）做好准备：在系统复习前，要把所需要的教科书、笔记本、作业本、参考书等资料事先准备好，避免临渴掘井、东寻西找，影响复习。

（2）确定课题：系统复习前，还要按照知识体系来确定系统复习的课题，并按照课题进行复习，这有助于对知识的系统化吸收。如果你在复习时，仍然像看小说似的按章节阅读，即使自己已经读懂了，知识也不能形成系统。

(3) 发现问题:复习前不妨先合上书本回忆一下,自己对概念、原理等掌握得如何? 哪些掌握得不好或很不好? 原因是什么? 对容易混淆的概念,能否找出它们的异同点? 各原理的推导过程掌握了没有? 这些原理的适应条件或范围是什么? 如果条件变化了,这些原理还能否成立? 这样进行系统复习,就能从新的高度,从整体和全局的制高点,对基本概念和基本理论有更深的理解。

(4) 解题训练:通过系统复习,使所学知识系统化后,可适当选做一些综合性的习题,以检验复习的实际效果,加深对知识的理解程度,培养解决实际问题的能力。在每做一道习题后,要整理出解题思路,辨认出逻辑关系,归纳出题目类型,以便举一反三,提高解题能力。

(5) 合理安排:系统复习一般都在期中、期末或毕业前。往往时间紧、任务重,各门功课一拥而上。因此,能否合理分配时间、科学安排内容成为复习质量高低的关键。通常可以从两个方面入手:一是用于复习的时间总量要适当,二是各科复习时间的调配要合理。在各科的时间调配上,应确保主科,带动一般,弱科多分配,强科少安排,不能平均分配。

(6) 讲究方法:系统复习的方法很多,不是所有的方法都对你的复习有效的。所以,要根据自己的学习习惯、爱好特长、原有基础,结合各学科不同的特点,选择适合的复习方法,以取得最佳的复习效果。

解密室

成果巩固

复习是你整个学习过程中的又一重要环节。它是对学习成果的巩固,是以新的水平理解初学知识的行为。

按照正常的学习程序,你放学后想到的第一件事应该是复习一下当天的学习内容,而不是急着做今天还没有完成的作业。也就是说,要养成“先复习后作业”的习惯。

尤其在系统复习时,你要向李佳一学习,学会系统地整理知识,形成知识结构体系。一旦知识内化为你的能力时,你就会无往而不胜了。

演练场

小试牛刀

请你根据李佳一同学的复习感悟，结合自己对复习的理解，撰写一篇“我的复习体会”千字文，让你的父母给其作出“合格、优秀、点赞”的评价。

第五节　效果检查

小故事

爱好广泛

2014 年扬州市中考分数的揭晓，将记者的目光纷纷投向了总分为 765 分的新学霸：会学习、好实践、爱旅游，还是个围棋高手，钢琴水平也达到业余十级。这个学霸就是树人学校的姚楠同学，如图 1－5－1 所示。记者问及她的学习窍门，她笑着说：“没什么窍门，就是不要死读书，多参加学校实践活动，高质量地完成作业。”她在做作业时经常想些奇奇怪怪的问题，每次解答出难题就特别有成就感。她把这一爱好归结为“爱挑战”。所以她科科都是强项，数学竞赛、化学竞赛、作文竞赛、科技竞赛等得奖不胜枚举。别看她年纪不大，却是班上的学习委员、团支部书记、化学课代表，“官衔”确实不少啊！做这么多事不怕影响学习吗？她给出的答案是：她不是书呆子，平时经常参加学校组织的科技实践活动，这对学习非常有帮助。

图 1－5－1

点金石

独立作业

姚楠同学把中考的成功简单地归结为：不要死读书，要多参加学校实践活动，高质量地完成作业。本节就与你谈谈独立做作业的事。

1. 作业的作用

如果你没有认识到做作业是掌握知识的必要环节或重要手段的话，就会很容易地将作业看成是为了应付老师而不得不进行的一项苦差，当然就不能收到好的学习效果。所以要提高作业质量，你得首先认识独立作业对你有没有好处？其实，作业的作用挺大的，具体表现在：

（1）检查学习效果。事实上，你在学习某一新知识的过程中，已经经过了预习、听课、课后复习这三个环节，你对这些新知识究竟有没有领会？是否已经记住？记到何种程度？能否具体应用？应用的能力究竟有多强？等等，这些问题，单凭自我感觉和印象是欠妥的。真正懂不懂、记住没记住、会用不会用，只有通过独立完成作业才能得到确切的检验。如果你在做作业时很顺利，那么在一定程度上，可以说明你对这部分的知识掌握得不错，或者说明你前面的预习、听课、课后复习这三个环节完成得比较好。反之，则说明你对这部分知识并没有真正理解和掌握。此时，你就应该及时查找原因，进行调整。由此可知，通过作业，可以检查你的学习效果，从中发现问题，以便及时采取补救措施。

（2）加深巩固理解。其实通过课堂学习，新学知识可以达到初步掌握的程度。但是，在具体情况下如何应用这些新的知识，解决具体的问题，你可能心中无数。而做作业正是对这些新授知识的具体应用，使你对新知识的掌握更加准确、更加灵活、更加充实。其实不少学生正是通过作业，把容易混淆的概念区别开来，从而对事物之间的关系了解得更加清楚，对公式的变换也更为灵活；从而使知识不断得到消化、巩固，最后转化为对知识的理解、掌握，并进入到应用的高级阶段。

（3）提高思维能力。作业中的各种问题必然会引起你积极的思考。在分析问题、解决问题的过程中，不仅能把所学知识应用到具体的问题去，还能锻炼思维。

（4）积累复习资料。老师布置的作业一般都是经过认真筛选的，具有典型性。所以做完作业后不应把它一扔了事，而应定期进行分类整理，设立错题集。复习时只要翻阅一下错题集或重新做一下错题集上的习题，既方便省事又印象深刻。

2. 作业的要求

从我们对学生作业的批改中发现，许多学生的作业不够规范。其实，如果学生做作业时能按照要求完成的话，其作业就能起到上述的四大作用。为了提高作业质量，我们提出下列 5 项作业要求。

(1) 及时：就是在老师所规定的时间内完成所布置的作业，决不拖延，养成“今日事、今日毕、切勿拖拉到明天”的作业习惯。只有按时完成作业，才能省时省力，才能保证教学同步，也才能保证你学习计划的顺利实施。

(2) 准确：做作业时思维要灵、表达要明、运算要准。不少学生通过审题已经找到了解题的正确途径，但是解到最后往往出错，其原因之一就是没有在“准确”上下工夫。一些优秀学生的成功经验就是“做一题对一题”，即一次做对。其实，这也是学生的基本功问题。办法是平时多加训练，要按部就班，一步步运算。即使是一看就懂的习题，也要按规范去做。

(3) 快速：这是讲做作业的效率问题。在正确的前提下要有意识地训练自己快速解题的本领。你经常会发现：有的学生解题的准确率较高，但解题速度太慢，以至于在考试时来不及做完。因此，“快速”也是做作业的一个基本功。你要想解得快，课后复习就得充分。只有课后复习充分了，你才能对新学知识理解得透。在理解的基础上做作业，其速度当然就有一定的保障了。

(4) 工整：作业要求书写工整、格式规范、条理清楚，老师批改时才会心情舒畅、仔细阅览。你复习时查看起来也会方便，可以避免出现不必要的差错，保证准确性。所以做作业时一定要一丝不苟、规范工整。

(5) 独立：这是讲做作业的自我把握问题，也是作业的根本性要求。现在有不少学生，学习目的性不强，抄作业的现象时有发生，这是学习的大忌。切记：作业必须独立完成。当然，这并非排斥做作业时同学间的相互探讨、质疑或请教老师、同学，或查看参考资料等做法。只有通过自己积极消化变成自己的知识后的作业，才是你独立完成的。

3. 作业的过程

中学生做作业，通常要经历下列七个过程。

(1) 作好准备：做作业不是一个孤立的学习活动。从你整个学习过程的几个环节这一角度来看，前面讲的预习、听课、复习这三个环节就是作业的准备工作。因为预习、听课和课后复习使你领会并巩固了相应的知识，你在做作业时才能独立地应用所学的这些知识分析问题和解决问题。如果你在前面的三个环节中偷工减料，那么就会在做作业时受到惩罚。当作业不会做时，要认真检查一下，是哪个环节出了问题？原因何在？及时解决。在做作业时，还应当了解作业的目的、内容，找出相关的参考书、笔记本以及其他文具用品，做好准备。

(2) 仔细审题：是否能准确、快速、独立完成作业，其关键在于审题。你要先解决下列三个问题：①看得准确：在解题时，千万不要把题目看错了。事实上，因为看错题目而做错题的现象十分普遍。如有的学生把作文题“我和我的老师”看成“我的老师”，把“重量”看成“质量”，把“压强”看成“压力”，把“生石灰”看成“石灰”等，凡此种种，就一误百错了。所以审题时，一定要看得准，千万不能粗心大意。②分得清楚：要善于把一道习题分解成各个部分、各种因素、各个方面、各种已知、未知和隐含条件等。尤其是比较复杂的综合题，能够解剖得清清楚楚，从而化繁为简、化大为小、化难为易，逐个击破，使问题得到彻底解决。③联得起来：就是在分析的基础上，能联想起有关的知识，找到题目各个部分之间的相应关系。

(3) 寻找思路：审清题意后就要利用题目给出的条件去寻找解题的思路，通常有三种方法。①由因寻果：从已知条件出发，根据要求的结论，寻找道路前进，最后到达结论。其解题思路是：“已知→欲知→可知”，即我们常说的分析法。②由果索因：先假设结论成立，必须满足什么条件(第一层条件)？这些条件在已知条件中有没有？如果有，那么就寻找第一层条件存在的必须具备的条件(第二层条件)是什么。这样一层层地追下去，直到全部已知为止。这样就把结论与条件之间的通道给打通。其解题思路是：“欲知→须知→可知”，即我们常说的综合法。③因果搭桥：就是从已知、结论两头相向去寻找，直到它们相遇为止。寻找正确的解题思路，会有助你进行积极的思考。但解题思路可能不止一条，如何寻找最优化的一条，是培养你创造性思维的又一个好办法。

(4) 认真解题：思路弄清楚后就要进行解题，其关键是要保质保量，不仅要把题做对，还要尽快完成，以提高解题效率。解题时应注意以下两点：①一次做对：这要靠自己做作业前的充分准备，审题时没有差错，分析思路通畅，表达的过程准确，运算的结果无误。②加快速度：作业不仅要做得对，还要做得快。要加快速度需要两个条件：一是对知识的深入钻研，二是平时的刻苦练习。

(5) 独立检查：就是在做完作业后，自己想办法判断作业做得是否正确，这是保证作业质量的不可缺少的一步。这与产品出厂前要检验是否合格是同一个道理。检查的方法很多，现介绍通用的三种。①逐步检查：就是从审题开始，一步步地检查，发现问题，及时纠正。这种方法可以检查出计算、表达上的一些错误，但往往不能发现思路上的错误。②重做一遍：如果时间允许，检查时干脆重做一遍，将两次答案进行比较，看看是否相同。如果不同，再找原因。此法对检查错误十分有效，但耗时较多，所以对综合性很强的题目不太适用。③代入检查：就是把计算结果代入式子或公式看看是否合理。如果把数据分别代入等式或方程的两边后，等式成立，说明这个结果是正确的。

(6) 及时改错:作业中的错误是否及时订正,有时甚至比做题目本身更有价值。因为出错的地方正是自己知识、能力上的薄弱点。及时纠正这些错误,有助于你对知识的掌握和能力的培养。首先要分析错误的原因,是概念混淆还是计算粗心?是用错公式还是忘了有关知识?是题意理解不透还是思考问题不周?通过分析,就能发现自己作业时常犯错误的类型。如果你是个有心人,在作业错误的地方用彩笔做上标记,写出正确答案,以后阶段复习时拿出来看看,就可以避免重蹈覆辙。

(7) 不断提高:作业检查完后,如果你学有余力的话,就可以继续做一些提高工作,如制作"错题集"或"错题卡",以彻底根除错题。也可以把作业定期分类整理,按照知识体系进行分类,做出标记,并妥善保存起来做学习资料。

信息窗

习题类型

根据习题涉及的知识范围和做题的时间,习题可以分为下列三种类型。

1. 课后习题

这是指每节课所留的作业。这种习题知识面较窄,针对性较强,难度较小,完成这些习题还是比较容易的。课后习题属于基础题,对巩固新学知识十分有利,它是解答综合性习题的"细胞"。只有认真地做好这类课后习题,以后才有可能去突破综合性更强的难题。因此,你决不能小看这类课后习题。

2. 单元习题

这是指每一章后面的练习题。这些习题的知识范围涉及全章,有的还要联系到前面的章节,题目具有一定的综合性。通过解答这些习题,你可以把每节的知识有机地联系起来,使所学的知识初步系统化。由于这类习题的解答通常在阶段复习之后进行,也是对阶段复习效果的一种检测办法。

3. 总复习题

总复习题一般出现在课本的最后部分,更多的总复习题是老师在期末或升学考试前精心选择和编辑的。这类习题涉及的知识面较广,有的要用到整本书或几本书或跨学科的综合知识。这类习题往往要放在总复习时进行,这时你已经站在知识的全局和整体的高度上进行思考了,因此就不太困难了。可以检验你掌握知识的水平,促进你知识系统化的形成。

解密室

效果检查

作业是你学习过程中掌握知识的必要环节和重要手段。独立完成作业，对你巩固知识、加深理解、提高能力、积累资料、增强效果等方面都起着举足轻重的作用。难怪姚楠同学将高质量地完成作业作为其获得中考第一名的重要原因了。因为作业是检查你课堂学习效果的试金石。希望你在做作业时，遵循“及时、准确、快速、工整、独立”这十字要求，作好准备、仔细审题、寻找思路、认真解题、独立检查、及时改错、不断提高。

演练场

小试牛刀

请你根据姚楠同学对独立作业的感悟，结合自己对作业的理解，撰写一篇“我的作业态度”千字文，让你的父母给其作出“合格、优秀、点赞”的评价。

第六节　质量评估

小故事

多才多艺

有位学霸，在初三学习最繁忙的时候，还参加了中国少年科学院小院士课题研究活动，并专门赴北京参加成果展示交流与答辩活动。其研究成果《不同催化剂对双氧水催化效果的实验研究》获全国一等奖，并在北京大学百年讲堂的颁奖大会上，被授予“中国少年科学院预备小院士”的荣誉称号。这位学霸就是在 2012 年以 755 分的成绩荣获扬州市中考第一名的树人学子季玮琛同学，如图 1-6-1 所示。

图 1-6-1

其班主任总这样夸奖他：他性格阳光自信，面对学习压力，善于调整自己。他成绩一直都在年级最前面，初一、初二时担任班级学习委员，初三时担任班长。他还多次应邀为树人学校的学弟学妹们作讲座，介绍学习方法。他认为：上课效率是最重要的，有些人因为作业多，用上课的时间写作业，这是得不偿失的。又说：不能死做题目，要多动脑筋，吸取各种方法，要认真对待每一次考试。

点金石

认真考试

季玮琛同学的学习故事中，最值得我们学习的就是他对待考试的态度：要认真对待每一次考试、多动脑筋、吸取各种方法。当他面对中考数学试题中从来没有见到过的“劳格数”时并不慌张，先从最后一道题做起，再返回做倒数第二题，不焦虑的态度最终让他解决了这道难题，中考数学获得了 150 分。

其实，考试是评估你学习质量的重要方法，是检查你某一阶段对基本知识和基本技能掌握情况和能力形成的一种手段，也是你整个学习过程中的一个环节。

1. 考试的作用

考试可以使你了解自己的学习情况，发现自己在知识掌握上的薄弱部分，明确今后的努力方向，调整自己的学习计划，激励你积极向上。其显著作用如下：

（1）反馈信息：通过一个阶段的学习，你究竟学得如何？哪些知识真的掌握了？哪些知识看似理解其实是一知半解？哪些知识还不能灵活运用？它是老师检查教学质量，取得反馈的主要途径，是你正确认识自己的有效渠道。通过试卷上反馈的学习情况的真实信息，你可以找出差距，有针对性地改进学习方法、调整学习计划，牢牢把握学习的主动权。

（2）鞭策激励：每个人都希望自己尽可能地学得好些。如果你在这次考试中考砸了，你应该查找原因、认真分析，采取积极有效的措施，努力克服学习中存在的问题，力争在下一次考试中取得较好的成绩。如果你在这次考试中考得比较满意，你就会感到高兴，在成功的喜悦中激发更大的学习热情。

（3）预测趋势：一般来说，通过几次考试，你可以得到一个比较科学可信的考试结果，能在一定程度上显示出你未来的发展方向。如果你是一个高一的学生，通过一学年的单元检测、期中、期末考试，物理这门学科占有明显的优势，你就可以把自己的发展方向定在理科上。反之，如果你的物理成绩一般，甚至难以应付，你可以毫不犹豫地选择文科作为发展方向，这对你接下来的文理分流和以后的填报志愿、就业发展都起着较大的作用。

（4）选拔人才：科学的考试通常能较准确地衡量出知识和能力的发展情况，无怪乎每年的中考、高考都会牵动千百万人的心。

2. 考前的准备

考前准备工作做得是否充分，对你考试的正常发挥影响很大。考前准备包括以下四项工作。

（1）搞好系统复习：临考前，对各门功课进行扎扎实实的复习是考试获得成功的关键。承前所述，复习的目的主要是为了强化记忆、查漏补缺、融会贯通、综合应用。从当前考试的发展趋势来看，考试内容的覆盖面在不断扩大，灵活应用知识的能力题在增多。所以你在复习时不要抱有任何侥幸心理，搞什么猜题押题，要在老师的指导下有计划地进行系统复习。尤其要在临考前对平时作业中的错误进行一次性清理，以免考试时重犯类似的错误。在系统复习的基础上，可以做一些综合性练习题，但切不可搞题海战术，做难题、偏题而影响了复习考试。

（2）保持良好心态：有的学生把考试看得太重，一进考场想到的就是“父母的期望、自己的目标”，担心考得不好，“家长要责怪、同学有冷眼、老师会轻视、自己觉难堪”。导致心情过分紧张，而想不起解题的方案来。当然，作为学生参加考试，感到有些紧张甚至有些恐慌，这也未必奇怪，这是常有的事。问题是这种紧张心理不能过度。那么怎样才能做到考前既有紧张又不至于过度呢？关键一点就在于你是否正确对待考试？即使是中考、高考也不要看得过重。今年考不取，明年再考，实在考不取，可以边工作、边学习，走自学成才的道路。如果你以这样的心态参加考试，心理负担就会减轻，就可以轻装上阵，发挥出应有的水平。

（3）确保旺盛精力：考试前几天和考试期间，你尤其要注意保重身体，避免身体不适。要适当补充一些营养，饮食要注意卫生、讲究多样化。要进补清淡的，避免油腻的、过咸的、过辣的食物。不要轻易用药，特别是安眠药。考前更要注意休息，以保证有旺盛的精力。切不可临时抱佛脚，加班加点开夜车至深更半夜，复习得头昏脑涨。如果你在考前虽不看书，但剪不断理还乱，头脑中仍然摆脱不了对考试问题的思考，那么你最好参加一些轻微的文体活动或欣赏一些音乐、舞蹈等，就会使你的大脑得到积极的休息，以确保以旺盛的精力参加考试。

（4）备齐考试用品：在考试前一天，应将考试所需的物品，如准考证、文具、纸张等准备好，并一起放在书包中，以免在考试时因缺这少那而手忙脚乱，影响你的考试情绪。

3. 考试的技巧

在作好充分准备后你就可以参加考试了。不过在考试时还应掌握一些考试技巧，才能稳操胜券、百战不殆。

（1）浏览试卷：待老师发下试卷后，不要拿到卷子立即做题，而应该先把姓名、考号等写好，并注意监考老师对试卷的说明和交代，尤其是对试卷中出现的一些漏印、错印等错误，要及时更正。否则，一旦开始答卷，由于心情紧张，就有可能忘记更正。然后以较快的速度浏览一下全部试卷，以便大致分配一下各部分的解题时间，确定解题策略，做到心中有数。

（2）先易后难：按着试题的顺序审题，先解答那些自己觉得容易或花时少、易得分的题目，会一题做一题。一时不会做的先跳过去，继续往下做，直到把会做的试题全部做完。然后再回过头来做一时不会做的题目。其好处是：使你很快进入答题状态。由于你的注意力专注在考试上，就没有时间想其他事情，有利于消除你的紧张心理。由于答题数的累加，你心中就越来越有底，信心也就越来越大，解题效率也会越来越高。

（3）认真审题：每做一题，都要先看清题目中的每一个字，甚至是每一个标点符号。对题意要仔细推敲，弄清已知条件，尤其要挖掘隐含条件。由每个条件联想相关内容，确保你能尽快理解命题人的意图，就不会犯因未弄清题意而无法求解的现象，更不会出现答非所问的错误。

（4）分秒必争：解题力求一次成功，不要依赖最后的检查。对于上述的花时少、易得分的题目，更应该做一道对一道。对容易出现错误的地方，每做一步都要对着草稿纸检查，发现问题及时纠正。有些试题一时拿不准，可先在草稿纸上写好，经整理后再写到试卷上。在解答综合性试题时，也应能做一步就答一步，哪怕写出与求解相关的公式也好，千万不能让该题空白。

(5) 树立信心：考试中遇到难题在所难免，此时你一定要沉得住气，要想到“我难别人也难”，要相信自己的水平和实力，树立起必胜的信心。切不可庸人自扰、心慌意乱。如果一时想不出解题思路来，可先放下做别的题目。也许有可能回过头来再做时，或因触类旁通之故，或因恍然大悟所致，难题就不难了。

(6) 随机应变：有的看似容易做的题目，解到中途就被难住了；有的题目并不难，平时也曾做过多次，可一时想不起来；有的有两个选项，一时拿不定主意；有的做到中途，思想开始走神……碰到这些情况时，你该如何处理？应当随机应变、当机立断。对于做到中途的题目应立即丢开，改做其他题目，到最后有多余时间再做它。对于既熟悉又想不起来的题目，可以从与它在时间、空间上接近的事物或性质相似、形状相同的事物或有因果关系、从属关系的事物开始联想，或许使你茅塞顿开。对于两个选项一时拿不定主意时，你一般就选最先想起的那个选项，因为记住了的某件事总是一下子浮现在脑子里的。至于你思想开始走神，说明你心中可能已经发慌，就应把自己的心镇住！放下笔，闭上眼睛，做深呼吸多次，有望排除分神或怯考的心理。

(7) 仔细检查：试卷做完后，要认真仔细地将其从头至尾检查一遍，千万不能抛弃这一复查时间而轻易提前交卷。检查时，要注意题目是否遗漏，题意是否弄错，解题思路、步骤、计算过程是否有误等。

信息窗

考试类型

一个学生从小学开始到中学毕业为止，单就期中、期末统计，每门学科考试就有48次之多。如果把各种考试都统计进去，起码可达千次。这些考试形式多样、方法各异。有口试和笔试，有开卷考试和闭卷考试；有单元检测、期中、期末考试和毕业、升学考试；有学科竞赛、质量抽测和托福考试等。

1. 质量抽测

这是学校对某一年级某一学科教与学情况进行质量分析的评价手段。它涉及范围较窄，可以是某一门或几门，抽测的对象可以是某个年级或某一班，或部分学生。其评价的对象不是学生个人，而是具体学科、具体班级或某些老师。

2. 学科竞赛

全国每年都有组织学生参加的各种竞赛，如数学竞赛、物理竞赛、化学竞赛、青少年科技创新大赛等，参加的对象一般都为各学校或各学科的优秀学生。通过竞赛，发现一批具有特长的学生，以至成为国家的优秀人才而加以深造。如许多在国际奥赛中荣获金银铜奖的学生被清华、北大等名校提取录取，为他们的进一步深造提供了优厚的条件，就是鼓励学生要学有特长，鼓励冒尖。国家和各级政府对科技创新人才的培养出台了相关政策，设立了相关的人才奖励制度，如共青团中央设立的以邓小平稿费作奖金的“中国青少年科技创新奖”、江苏省人民政府设立的“青少年科技创新培源奖”、扬州市人民政府设立的“青少年科技创新市长奖”等，如图 1－6－2 所示。

图 1－6－2

3. 阶段考试

这是学校中最常见、最频繁的考试，面向所有学生。其中有单元过关考试、章节目标形成性测试、期中考试、期末考试、模拟考试等。主要对某一阶段的教学情况进行验收评估，涉及某个班级、某个学生、某个老师，其教学质量如何？教学水平怎样？通常就是从考试反馈的信息中评价的。

4. 升学考试

这是一年一度最具规模、最凝聚人心的考试，是由较高教育行政管理部门组织的选拔性考试。中学生一般要经历中考和高考这两次考试，都是人生旅途中的重要转折点，历来为老师、家长、考生所重视。有的学生从踏进初中校门起，就把奋斗目标锁定在中考考出优异的成绩，进入理想的重点高中继续深造。

解密室

质量评估

考试是评估你学习质量的重要方法，是检查你某一阶段对基本知识和基本技能掌握情况和能力形成的一种手段，也是你整个学习过程中的重要环节。它对你的学习具有反馈信息、鞭策激励、预测趋势、决定人生发展等作用。你要从季玮琛同学认真对待每一次考试的经验中把握考试的技巧和方法，在做好充分的考前准备的基础上，认真答卷。你要在浏览试卷中确定解题策略，在认真审题中做到心中有数，在分秒必争中稳操胜券，在随机应变中百战不殆。

演练场

小试牛刀

请你根据季玮琛同学对考试的感悟，结合自己的考试体会，撰写一篇“我的考试方略”千字文，让你的父母给其作出“合格、优秀、点赞”的评价。

第七节　反思提高

小故事

全才学霸

这里再介绍一位典型的全才，初中时就才貌双全、勤学不辍。进了高中，他相继获得全国高中数学联赛省赛区一等奖、全国高中物理联赛省赛区一等奖、全国中学生英语能力竞赛一等奖。他撰写的有关隋炀帝陵的调查报告获全国创新大赛二等奖，而且因获数学奥赛国家冬令营金牌而被北京大学看中。

初中时，他还获得过中国少年科学院小院士课题研究成果全国一等奖。他积极参加学校组织的各项活动，在领导才能大赛中获校二等奖，作为主力队员参加年级排球联赛获第一名，他自编自导并参演的微电影颇受好评。他能在 2 分钟内复原三阶魔方，电子琴也会弹上几曲。这位全才就是 2017 年扬州市高考理科第一名、扬州中学的李煦恒同学。他初中就读于树人学校，现被北京大学录取。图1-7-1是他拿到北京大学录取通知书时拍摄的照片。

高考后，他吸引了不少媒体的关注，请他介绍其高考秘诀。他认为这得益于其坚持考试后的反思与小结。同学之间也有一种良性竞争的关系，看到别人在努力时，他也绝不会轻易放松。北大对他来说会是一个更大的平台，他也希望自己能在以后的学习中有更多的收获。

图1-7-1

点金石

考后小结

李煦恒同学对"考后小结"的坚持值得细细品味，希望同学们能品出其中的内涵来。不少学者认为：考后小结也是整个学习过程中的一个重要环节。但这一环节往往不被人重视，有的同学甚至还认为考后小结是件可有可无的事，其实不然。

1. 小结的意义

一次考试结束，并不意味着你的该阶段学习已经告一段落，它只能说明某一阶段的学习已经经历了从"计划→预习→听课→复习→作业→考试"的一个循环，也预示着一个新的学习循环。从一个循环到下一个循环之间有一个重要的环节，那就是考试后的小结。

小结是指通过某次考试，把前一阶段的学习情况加以分析而写成的带有概括性结论的书面材料。它可以肯定成绩、找出问题，从中吸取经验教训，便于指导下一阶段或下一个循环的学习。小结可以提高你观察问题、解决问题的能力，可以高屋建瓴地把握知识的总体结构，作为你以后进行期末复习或毕业总复习的重要资料；更可以促使你认清自我，增强自己的自信心和紧迫感，有效地调整下一阶段的计划，使之更贴近你本人的实际。从这一意义而言，你应该高度重视小结。

2. 小结的作用

坚持考后小结几乎是所有学霸的成功秘密，你不妨试试。

(1) 加深理解：通过小结，尤其是在错题归因分析、查漏补缺的基础上，自拟一份与解错题目相近的试题进行自测，就会加深你对相关知识的理解。

(2) 提高能力：小结的过程是又一次复习回忆的过程。里面既有你对经验的肯定，又有你对失误的反思，更有你对理解的升华，必将提高你的学习能力。

(3) 触类旁通：如果你在小结时，有意识地将本次考试的内容与以前学过的知识联系起来，进行归类分析，就能触类旁通。

(4) 挖掘潜力：通过小结中的触类旁通，你可以将相关内容的一点点旁通为一串串，就会有一题多解、一题多问、一题多想乃至多题归一的收获。

3. 小结的要求

既然小结对你的学习起着如此重要的作用，希望你在掌握小结的下列要求中逐渐形成自己自觉小结的习惯。

(1) 端正指导思想：小结要以课本、课程标准为依据，按照老师的要求以及你本人的计划，对考试中的得失进行分析，在此基础上得出正确的结论，为下一阶段的学习指明方向。

(2) 正确对待考分：考试一结束，批改好的试卷一发下来，也许你首先关注的是自己的考分，这也是情理之中的事。但需要指出的是，不能看到分数后就将试卷束之高阁，也不能只关注老师多扣我的分数需要“平反”，更不能看到自己考分较低，就把试卷一撕了之。正确的做法应该是拿到试卷后要认真分析，把错误的地方用符号标志出来，在旁边认真订正，并及时进行小结分析。由失分处找出薄弱知识点，再从知识点分析自己学习中的不足，分析如何补上这些欠缺，加强这方面的训练。在认真分析、查漏补缺的基础上，最好再自拟一份与解错题目相近的试卷或试题自测一下。更正后的试卷或试题要妥善保存，过段时间再拿出来看看，防止旧病复发。

(3) 坚持实事求是：小结是检查的延伸，没有深入、细致、可靠的自我检查和自我评价，就不可能作出符合你本人实际的小结。所以，坚持实事求是是自我小结的基本原则。如果你在小结时过高地估计了自己的水平，把一次考试中偶然出现的高分夸耀放大，这恰恰是你学习的大敌。反之，如果你对自己的潜能估计过低，为一次考试的失误而心灰意冷，看不到自己“并不显著”的进步，就会掉进自卑的深渊而泯灭进取心。所以，你只有在全面而且客观分析的基础上，本着实事求是的原则，才能作出科学的评价。

(4) 辩证看待问题：小结时，要将取得的成绩和存在的问题同时进行分析。不要制造幻想，为自己编织神话，也不要欺骗自己，要有坦白承认事实的勇气。也就是说，要辩证地看待问题，要用一分为二的方法，既要看到优点，又要看到缺点，这样才能使你的学习不断进步。

(5) 进行归因分析：就是通过实事求是的辩证分析，正确地找到成功或失败的真正原因。你在正确归因时，不必否认你学习的客观条件，但重要的是从你自身查找原因，要从自己努力与否、方法正确与否、学习中的几个环节抓住与否等主要方面进行正确归因。

（6）调整学习计划：小结不是你学习的结束，而是你新的学习生活的开始。做完小结后，应该再回过头来，检阅一下学习目标的设置是否合乎你本人的实际，检查一下你学习计划的执行情况，注意掌握你个人小结与其目标计划是否一致、是否呼应，以便及时修改、调整，使你的目标、计划更贴近你的实际，既不过高又不太低。从而使你既带着压力，又充满信心地迎接新一循环学习的挑战。

信息窗

小结案例

这里介绍一份东洲中学朱臻慧同学写给笔者的考后小结，该小结曾经多次在相关的教学研讨会上交流。也正是这份小结，才引出了本章第一节的那个小故事。

这次物理考试我竟然第一次拿到了全校的最高分：99 分，那是 1 000 多个初二学生中的唯一哦！也是我物理上的唯一啊！也许有的男生正笑我是偶然的呢，可我要将它成为必然！还要将我原来的学习目标改一下，把争取在初二下学期物理期末考试成绩成为全班第一，改为全校第一。我清楚地记得你鼓励我的那些话：“你的语数外能在期末考试中包揽全校第一，相信你物理也一定能，更何况你还有撰写传奇小说的精力和能力呢。”我认为这次《密度》考试的成功得益于你给我的两点建议。一是要充分作好考前的准备工作，二是要掌握科学的学习方法。准备工作对我们这些女生而言不成问题，关键的就在于科学方法的掌握问题。我将这次考前复习的“密度”与上学期学过的“速度”这两个物理量结合起来，从知识线、思路线和方法线上进行对比，如图 1－7－3 所示。虽然密度的内涵与外延比速度要丰富得多，但通过我对这两个物理量、三条线的对比，感到心里有底了。尤其是我的数学基础比较好，对行程类题目不同解法的感悟正是我的强项，所以在这次考试中，我的优势得到了体现。最后一道题计算“大雨后海门河水的含泥量”问题，对一般同学而言，确实是道难题，有三个隐含条件，可我迁移了速度问题的解题思路，如图 1－7－4 所示，就成功地将它攻克了下来。

1. 知识线：定义→公式→单位→意义→应用→测量

↓ ↓ ↓ ↓ ↓ ↓

2. 思路线：体验→引入→形成→建立→巩固→深化

↓ ↓ ↓ ↓ ↓ ↓

3. 方法线：实验→转化→类比→迁移→对比→图像

图 1-7-3

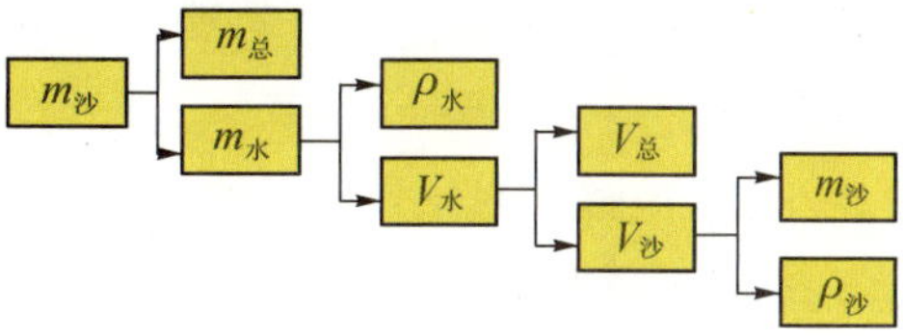

图 1-7-4

当然，还有 1 分的失误点在液体测量的误差分析上，为了对此留下深刻教训，我把与该题相关的测量误差问题设计在如图 1-7-5 所示的思路分析中，有甲、乙、丙三种方法。对方法甲而言，由于烧杯中的液体不可能全部倒入量筒中，所以用量筒测得的体积偏小，由 $\rho=(m_2-m_1)/V$ 可知，计算得到的密度 ρ 偏大；而方法乙同样不能将量筒中的液体全部倒入烧杯中，所以用天平测得的液体的质量偏小，由计算得到的密度 ρ 也偏小，而用方法丙所测得液体的体积与质量不存在谁倒入谁的问题，即通过计算而得到的 ρ 比较精确。我将把该题及其思路图放入我的错题集。

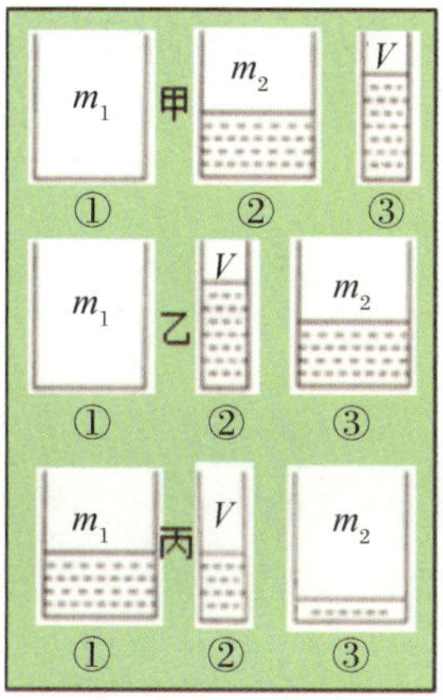

图 1-7-5

朱臻慧同学由于把握了科学的学习方法，在小结中将与密度相关的知识点融入到知识结构体系中，在知识线、思路线、方法线的引领下，突破了重考点、轻体系的观念，将速度 $v=s/t$、密度 $\rho=m/V$ 等物理量的比值定义法拓展延伸到压强 $p=F/S$、功率 $P=W/t$、电阻 $R=U/I$、热值 $q=Q/m$ 上，并用正比例函数图像的斜率来描述这些物理量，如图 1-7-6 所示。她也不负众望，物理成绩始终保持在全校的前三位置，中考获满分。

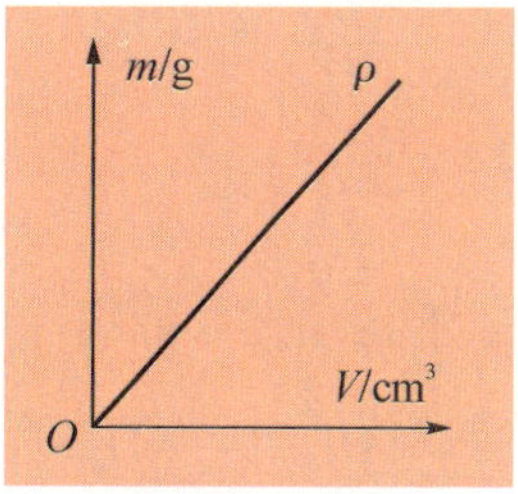

图 1-7-6

解密室

反思提高

考后小结是你通过某次考试，把前一阶段的学习情况加以分析而写成的带有概括性结论的书面材料。通过小结，你可以高屋建瓴地把握知识结构体系，形成自己的知识线、思路线和方法线，有效地调整下一阶段的目标和计划，使之更贴近你本人的学习实际。小结时要端正指导思想，正确对待考分，坚持实事求是，辩证看待问题，进行归因分析，调整学习计划。希望你在加深理解、提高能力、不断反思的小结中迎接下一个学习循环的到来。

演练场

小试牛刀

请你根据李煦恒和朱臻慧对小结的感悟，结合自己的理解水平，撰写一篇“我的考后小结”千字文，让你的父母给其作出“合格、优秀、点赞”的评价。

瞭望角

本章总结

通过本章七节对七位第一名之所以能成为学生心目中学霸的解读，你能否从他们身上找到你所期待的共鸣之处？首先，他们不是死读书的书呆子。他们除了文化成绩特别优秀外，都有其他特长。朱臻慧同学集小老师、小作家、小记者、小主持人、小领袖、小学霸 6 项才艺于一身；夏一航对画画、打球、下棋、钢琴都有涉及；华嘉宁兴趣广泛，酷爱踢球，初三上学期还踢了 20 多场；李佳一喜欢下围棋，坚持十多年成为围棋高手；姚楠爱旅游、钢琴水平也达到业余十级；季玮琛酷爱科学、喜欢实验，是中国少年科学院的小院士；李煦恒同学能自编自导并参演微电影，2 分钟内复原三阶魔方，电子琴也会弹上几曲。也正是这些特长与爱好，为他们综合能力的提升保了驾、护了航。

作为一个学霸，当然对学习的各个环节既信手拈来，又各具特色。你要从他们的成功故事中吸取丰富的营养，来滋润自己。

那么，从学习方法而言，你能从这些学霸身上学到什么呢？那就是牢牢把握好学习的每一个环节。从目标计划开始，经过课前预习、认真听课、及时复习、独立作业、认真考试到考后小结，经过这七个环节，完成你学习的一个循环，如图 1－7－7 所示。其中，目标计划是你学习的指导性环节，是你描绘的学习蓝图。预习、复习、作业是必要性环节，分别承担探索路障、检查效果、巩固成果等任务。听课则是你学习的中心环节，它的职能是攻克学习堡垒。考试是你关注的评价环节，它的职能是评估学习质量。小结是容易被你忽视，却不能缺少的过渡性环节，它使你在反思中提高。上述七个环节组成了你学习的一个循环，如此从一个阶段的学习循环至另一个阶段的学习循环，把你的学习不断推向高潮，你千万不能掉队啊！

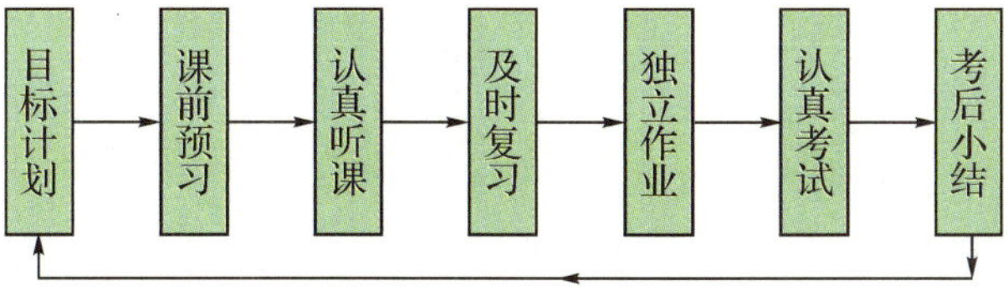

图 1－7－7

收获篇

再试牛刀

通过本章的学习与总结，你对学霸成长之谜是如何解读的？请撰写一篇“我的学习成长”千字文，让你的父母给其作出“合格、优秀、点赞”的评价。

第二章 智者成名的秘密

上一章我们讲了七个学霸成长的故事，介绍的是与你们中学生的学习生活密切相关，而且有利于学习成绩提高的一些方法。这一章我们再讲七位智者成名的故事，介绍他们是如何一举成名的。其中有的还是幼儿、中学生，如 6 岁的曹冲称象、9 岁的高斯神算、15 岁的牛顿大炮，让你感悟其中的“等量代换、先分后合、理想实验”等科学方法。还有的是在众目睽睽之下的精彩实验，如伽利略的比萨斜塔实验、阿基米德巧辨王冠、格里克的马德堡半球实验，让你体会其中的“实验论证、测量比较、扩大影响”等科学方法。更有的是在默默无闻的悄悄实验中改变世界的，如奥斯特的无心插柳三个月成荫的电流磁效应的发现、法拉第的有心栽花十年才开的电磁感应现象的发现，让你分享其中的对瞬间现象具有超常捕获能力的灵感。

虽然上述的这些故事都发生在几百年前甚至是几千年前，但这些故事中所彰显的科学方法、科学思想、科学观念、科学精神乃至他们的人文情怀都是可以跨越时空的限制，犹如文物那样，越老越经典、越古越有价值。而这些正是你所缺乏并需要的。

第一节 先分后合

小故事

数学王子

高斯，这位有“数学王子”美称的天才，被认为是人类有史以来“最伟大的四位数学家之一”（阿基米德、牛顿、高斯、欧拉）。如果我们把18世纪的数学家想象为一系列的高山峻岭，那么最后一个令人肃然起敬的巅峰就是高斯。如果把19世纪的数学家想象为一条条江河，那么其源头就是高斯，如图2－1－1所示。

图2－1－1

高斯10岁那年，他的小学老师出了这样一道数学题：对自然数从1到100求和。没想到，高斯只用一眨眼的工夫就把这100个自然数加了起来。起初，他的老师布特纳并不相信他真的能算出正确答案，对高斯说：“你一定是算错了，回去再算算。”当高斯说出答案就是5 050时，老师才为之大吃一惊。高斯所用的方法是：将100个自然数分成50对，构造成50个和为101的自然数（1＋100，2＋99，3＋98……），然后将50乘101就得到结果，即50×101＝5 050。这使其老师对他刮目相看，并特意从汉堡买了最好的算术书送给高斯，说：“你已经超过了我，我没有什么东西可以教你了。”

高斯由此开始了自己真正的数学研究。他11岁时就发现了二项式定理，17岁时发明了二次互反律，18岁时发明了正十七边形的尺规作图法，解决了两千多年来悬而未决的难题。而这些得意之作竟是他在中学里完成的。高斯还开辟了许多新的数学领域，从最抽象的代数数论到内蕴几何学，都留下了他的足迹。从研究风格、方法乃至所取得的具体成就方面，他都是18～19世纪之交的中坚人物。

点金石

先分后合

我们再回过头来看看高斯是怎样对自然数 1 到 100 求和的。他先观察这 100 个自然数之间有何规律，发现首尾两个自然数之和为 101，即 1＋100＝101。将这两个数去掉后剩下自然数的首尾两个自然数之和仍然为 101，即 2＋99＝101。敏锐的他发现了其中的规律：3＋98＝101，4＋97＝101，…，50＋51＝101，这样就有 50 个 101，然后将这些相同的数全部加起来，这就是乘法，即 50×101＝5 050。

1. 方法揭秘

我们再把上述解题思路的步骤作个小结：①观察 100 个自然数之间有何规律？发现和为 101 的数；②将它们分成 50 对；③将 50 对相同数合起来，就是将加法提升为乘法，即 50×101＝5 050。这就是高斯成为数学天才的秘密，其数学思想就是先分后合，分是有规律的分，合是提升能力的合，高斯的合就是将加法提升为乘法。

2. 乘胜追击

如果要你分别快速算出上述 100 个自然数中的奇数和偶数的和呢？我们是否有不同的分法呢？如果仍然用上述方法，就可以分成 25 个 100 的奇数和以及 25 个 102 的偶数和。得出的结果分别为 2 500 和 2 550，即偶数和比奇数和多 50。那么这 50 来自何方？你能揭示其中的奥秘吗？

我们能否再把高斯的方法创新一下，作这样的观察？将 100 拿掉，剩下的 99 个自然数的首尾组合就有 49 对之和为 100，剩下的 1 个数就是 50。然后再把刚才拿掉的这个 100 合进来，就有 50 个 100 和 1 个 50，即把上述的 100 个自然数分成两类，一类是 100 的，共 50 个，另一类是 50 的，只 1 个。这 100 个自然数的和就是 50×100＋50＝5 050，奇数和就是 25×100＝2 500，偶数和就是 25×100＋50＝2 550。其结果当然与高斯的方法一样，有异曲同工之妙，且更简单。

如果将这 100 个自然数扩大为 1 000 或 2 017 或更多，你该怎么办呢？只要将上述中的算式 50×100＋50 作这样的变换，即：50×(1＋100)，再变换成 100÷2×(100＋1)。如果要计算从 1 开始的 2 017 个自然数的和，只要将上述算式中的 100 换成 2 017。你试试看，得多少？反正你手机里有计算器，不妨试一下！如果这些自然数的个数更多呢？那就得发挥你中学生的优势了，只要把上述算式中的 100 换成 n，将它们的和用 a_n 来表示，那么就有 $a_n=n(1+n)/2$。其实，这就是等差数列中最简单的通项公式。如果你对此有兴趣的话，可以网上查询与等差数列相关的内容。

3. 来个变通

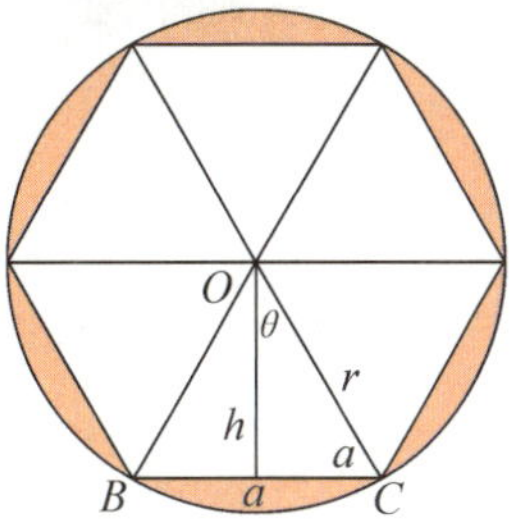

图 2-1-2

我们再来个变通，将上述的数变成形，求一个边长为 a 的正六边形的面积。我们先将其分成 6 个相同的三角形，如图 2-1-2 所示，只要求出其中的一个三角形的面积即可。图中△OBC 的边长 a，高 h，其腰为 r，也是其外接圆半径。顶角 $\theta=60°$，$a=2r(\sin\theta/2)$，$h=r\cos(\theta/2)$。$S_{\triangle}=ah/2=2r^2\sin(\theta/2)\cdot\cos(\theta/2)/2$，由倍角公式 $2\sin(\theta/2)\cdot\cos(\theta/2)=\sin\theta$ 得△OBC 面积 $S_{\triangle}=\sin\theta\, r^2/2$，则该正六边形的面积 $S_6=6S_{\triangle}=3\sin60°r^2=2.598\,r^2$。将其拓展为正多边形，则 $\theta=360°/n$，正多边形的面积表达式 $S_n=\sin(360/n).\,n\,r^2/2$。当 $n=2\,017$ 时，利用计算器可得 $S_n=3.14158\ 75772\ 623055\ r^2$。这个系数与 $\pi=3.14159\ 26535\ 897932$ 非常接近，即 $S_n=\pi r^2$。这就是圆的面积公式，说明当正多边形的边数非常多时，正多边形的面积就越来越接近圆的面积。换一个角度说，我们要求圆面积时，可以将它分成非常多个相同的如图中的△OBC 那样的小三角形，其面积为 $S_{\triangle}=\sin\theta r^2/2$，这就是微分法，其本质就是将某一整体微分成非常小而且完全相同的部分。要研究其整体，只要先解决能代表其本质特征（如面积）的那个微小部分就行（如 $S_{\triangle}$）。然后将这些非常多的小三角形的面积加起来，因为它们的形状完全相同，可以用它们的积 $S_n=nS_{\triangle}$ 来表示，这就是积分法。最后把微分法和积分法结合起来，那就是要到大学里才学的微积分了。作为一个要立志成为科技创新人才的你，你有耐心等吗？

4. 换个角度

我们再换个角度求圆的面积，如图 2-1-3 所示。用许多等距离的平行线段分割圆，分析其中具有代表性的一部分，如图中的红色部分，将其看成是一个长为 a、宽为 db 的微分长方形。只要分得越细，即 db 越小，红色部分就越接近于长方形，其面积 $S_0=a\cdot \mathrm{d}b$，这就是微分法。它与图 2-1-2 中的三角形分法不同，前者分割成的三角形体积是相等的，而这里分割成的长方形体积是不相等的，但是分割而成长方形的微小宽度 db 是可以相等的。然后将这些小长方形的面积加起来，就成了圆的面积。这又是一种创新意义上的积分，因为它不能简单地用自然数乘法来解决，而是用函数的乘法来解决，这就是牛顿发现的微积分方法。相信你通过自学，是能解决这个问题的。

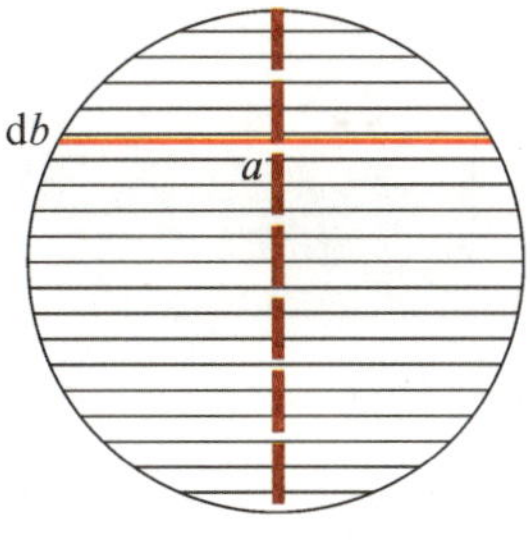

图 2-1-3

信息窗

微积分学

图 2－1－4

17 世纪下半叶，英国的牛顿和德国的莱布尼茨分别在自己的国度里独自研究和完成了微积分的创立工作，如图 2－1－4 所示。他们的最大功绩是把两个貌似毫不相关的问题联系在一起，一个是切线问题（微分学的中心问题），一个是求积问题（积分学的中心问题）。

牛顿在 1671 年写了《流数法和无穷级数》，这本书直到 1736 年才出版。这本书里指出，变量是由点、线、面的连续运动产生的，他把连续变量叫做流动量，把这些流动量的导数叫做流数。牛顿提出的中心问题是：已知连续运动的路径，求给定时刻的速度（微分法）；已知运动的速度求给定时间内经过的路程（积分法）。莱布尼茨在 1684 年发表了《一种求极大极小和切线的新方法》，对微积分的发展有极大的影响。现在我们使用的微积分通用符号就是当时莱布尼茨精心选用的。

微积分学的创立极大地推动了数学的发展，过去很多初等数学束手无策的问题，运用微积分往往迎刃而解，显示出微积分学的非凡威力。在微积分学创立的过程中，许多著名的数学家、天文学家、物理学家都为解决上述问题作了大量的研究工作，如法国的费尔玛、笛卡儿，英国的巴罗、瓦里士，德国的开普勒，意大利的卡瓦列利等人，都为微积分的创立做出了贡献。

解密室

分类组合

上述的先分后合还可以衍生出一种新的思维方法来，这就是分类组合法。例如，你现在的学习资料太多了，你可以选用图 2－1－5 所示的便于分类组合的资料夹。该资料夹内有 10 个分夹层，每个分夹层的入口处设计有小标签，你可以在这些小标签分别写上语文、数学、外语、物理、化学等学科的名称。使用时，先将你的学习资料按“导学案、试卷、其他”这三类粗分，分别放在各自的资料夹内，在图示资料夹上分别粘贴上述三种类型的标签。再将导学案分学科放入有导学案标签的资料夹内，在放入时按先后顺序编号，这就是组合。这样分类组合后，当你需要物理导学案 6 时，你只要打开导学案的资料夹，找有“物理”字样小标签的夹层，取出第 6 张就是。这种分类组合法也是训练记忆力或思维力的好方法，你说呢？

图 2-1-5

演练场

小试牛刀

请你根据上述的分类组合法，选择三个资料夹，把你的学习资料放入并检索，看在多少时间内完成，让你的父母给其作出“合格、优秀、点赞”的评价。

第二节　等量替代

小故事

曹冲称象

上节给你介绍了高斯 9 岁成名的故事，本节再给你说个 6 岁成名的神童。

有一次，吴国孙权送给曹操一只大象，曹操十分高兴。大象运到许昌的那天，曹操带领文武百官和小儿子曹冲，一同去看那没见过的大象，如图 2-2-1 所示。曹操对大家说："这只大象真是大，可是到底有多重呢？你们哪个有办法称它一称？""嘿！这么大个家伙，怎么称呢？只有造一杆顶大的秤来称。""我看只有把它宰了，切成块儿称。"大臣们想了许多办法，一个个都行不通。可真叫人为难呀。

这时，从人群里走出一个小孩，对曹操说："父亲，我有个法儿，可以称大象。"曹操一看，正是他最心爱的儿子曹冲，就笑着说："你小小年纪，有什么法子？"曹冲趴在曹操耳边，轻声地讲了起来。曹操一听连连叫好，吩咐左右立刻准备称象，然后对大臣们说："走！咱们到河边看称象去！"

众大臣跟随曹操来到河边。河里停着一只大船，曹冲叫人把象牵到船上，等船身稳定了，在船舷上齐水面的地方刻了一条道道。再叫人把象牵到岸上来，把大大小小的石头，一块一块地往船上装，船身就一点儿一点儿往下沉。等船身沉到刚才刻的那条道道和水面一样齐了，曹冲就叫人停止装石头。大臣们睁大了眼睛，起先还摸不清是怎么回事，看到这里不由得连声称赞："好办法！好办法！"现在谁都明白，只要把船里的石头都称一下，把重量加起来，就知道象有多重了。曹操自然更加高兴了，得意洋洋地望望大臣们，好像心里在说："你们还不如我的这个小儿子聪明呢！"曹冲大名由此传开，直至今日。

可惜的是，当时正值战乱的三国时代，没有高斯那样的学术环境，加上他还未成年就病逝，年仅十三岁，所以曹冲在名人的成长中，只能是昙花一现了，如图 2-2-2 所示。

图 2-2-1

图 2-2-2

点金石

等量替代

年仅 6 岁的曹冲，利用漂浮在水面上的物体的重力等于水对物体的浮力这一物理

图 2－2－3

原理，解决了一个连许多有学问的成年人都一筹莫展的大难题，这不能不说是一个奇迹。可是，在那个年代，小曹冲是不可能知道阿基米德原理的，更不用说浮沉条件了。实际上，聪明的曹冲所用的方法是“等量代换法”。用许多石头代替大象，在船舷上刻划记号，让大象与石头产生等量的效果，再一次一次称出石头的重量，使“大”转化为“小”，分而治之，这一难题就得到圆满的解决，如图 2－2－3 所示。这就是等量代换法，它是我们经常用到的等效法的一种。

等效法是指当我们所研究的现象规律，其某一方面跟另一简单的现象规律效果相同时，就可以用简单的模型代替复杂的模型，并保证其意义、规律、作用效果不变所采用的一种方法。运用等效法解决问题可以化难为易，变繁为简，容易找到问题的正确答案。利用等效法解题时，要认真读题，理清关系，进行合理的等效变换，从而寻找到解决问题的便捷方法。常见的等效方法有：等效替代、等效变换、等效模型等。曹冲称象的本质就是等效替代。这里再介绍三个物理上的等效例子供你思考。

1. 等效替代

两个运动员站在匀速航行的轮船甲板上，如图 2－2－4 所示，用同样大小的力一个向前跳，另一个向后跳，成绩较好的是向前跳、向后跳还是一样？

图 2－2－4

因为轮船做匀速直线运动与静止在水面上等效，这两种情况轮船都处于平衡状态。无论运动员站在匀速运动的轮船上，还是站在静止的轮船上，其效果是一样的。而站在静止的轮船上无论是向前跳和向后跳，其效果也是一样的。所以运动员站在匀速航行的轮船甲板上用同样大小的力向前跳和向后跳，成绩是一样的。

这里等效的是物体运动状态，可以用静止状态来替代匀速直线运动状态，而静态的比动态的好理解。

2. 等效变换

在杠杆支点的两侧各挂上体积相同的实心铁块和铝块，调节支点使杠杆在水平位置平衡，如图 2－2－5 所示，现将铁块和铝块同时浸没水中，则杠杆的 （　　）

A. 左端向下倾斜　　B. 右端向下倾斜

C. 杠杆仍能平衡　　D. 都有可能

杠杆在 $G_{铁}$、$G_{铝}$ 两个力作用下平衡，我们就等效地认为杠杆不受这两个力作用时也能平衡，即铁块和铝块的重力存在与否，对杠杆平衡而言不受影响，但将有重力变换为无重力，解题的难度降低了。此时只考虑浮力的作用就行了，如图 2－2－6 所示。铁块和铝块浸没在水中时，杠杆 A、B 处受到水的浮力 $F_{浮1}=F_{浮2}$，由于 $OA<OB$，所以 $F_{浮1}\times OA<F_{浮2}\times OB$，故右端上升，左端下降。应选 A。

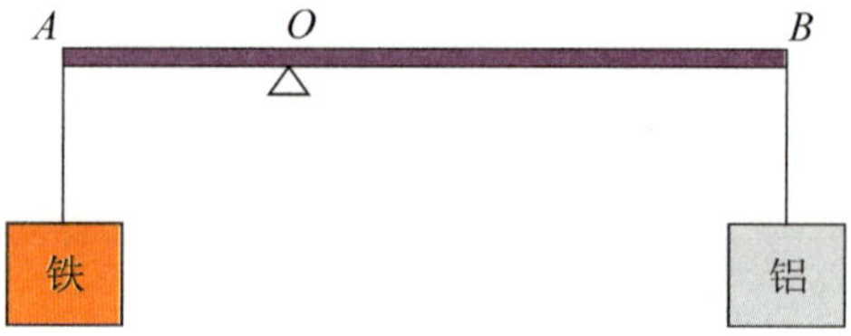

图 2－2－5

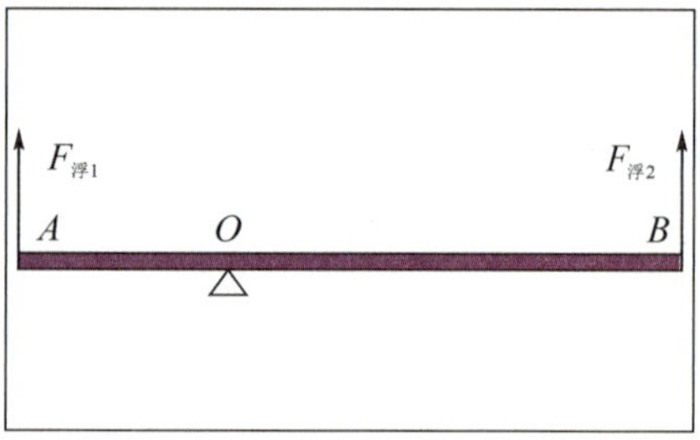

图 2－2－6

3. 等效模型

如图 2－2－7 中，图甲是一种利用杠杆原理制成的供搬运重物上楼用的爬楼车，O、O′ 两处为轴连接，请你根据爬楼车的使用过程（如图乙），分析说明爬楼车是费力杠杆还是省力杠杆。

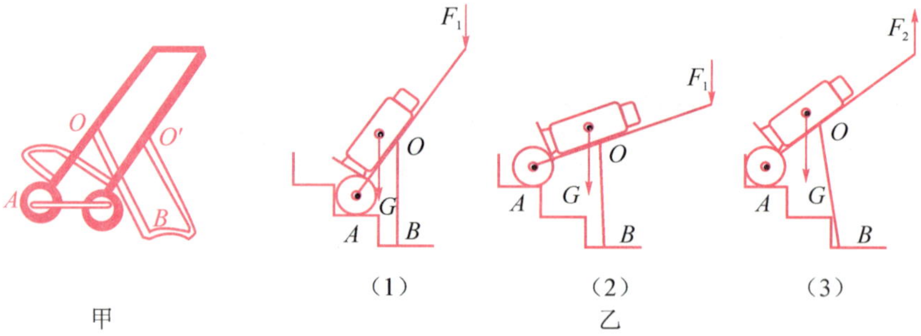

图 2－2－7

由图乙中(1) 到(2) 爬楼车以 O(B)点为支点，O(B)点到重力 G 的作用线的距离小于它到动力 F_1 到作用线的距离，阻力臂小于动力臂，是省力杠杆；由(2) 到(3) 爬楼车以 A 点为支点，A 点到重力 G 的作用线的距离仍然小于它到动力 F_2 作用线的距离，也是省力杠杆；所以整个过程爬楼车都是省力杠杆。图乙中三幅杠杆状态图都是硬棒模型在变化，都是等效的，采用的思维方法就是模型等效。

信息窗

无穷网络

当今世界，使用频率最高的词是“网络”。它是信息传输、接收、共享的虚拟平台，通过它把各个点、面、体的信息联系到一起，从而实现这些资源的共享。它是人们信息交流的一个工具。作为工具，它一定会越来越好用，功能会越来越多，内容也会越来越丰富。网络也是一个资源共享的通道，相信有一天，网络会借助软件工具的作用带给人们极其美好甚至超越人体本身所能带来的感受。这里给你介绍一个无穷网络电路，如图 2-2-8 所示。若每个电阻的阻值均为 R，则 A、B 两点间的总电阻是多少？

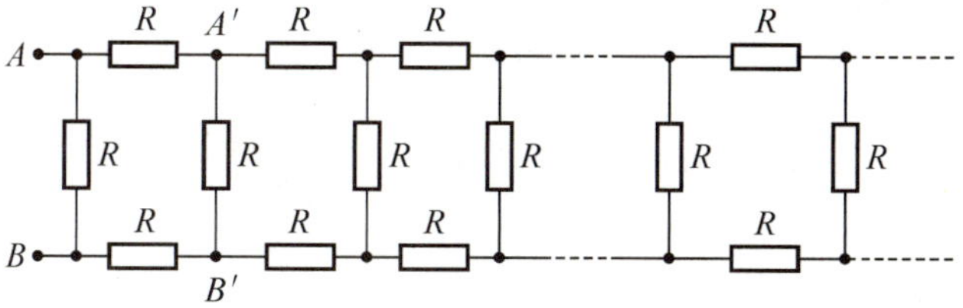

图 2-2-8

无穷网络电路的特征就是无限。既然网络是无限的，那么去掉或加上一个单位网络后，对整个网络并不影响，这好比是沧海一粟。设无穷网络 A、B 间的总电阻为 R_{AB}，去掉网络左边的三个电阻后的总电阻为 $R_{A'B'}$，则 $R_{AB}=R_{A'B'}$。该无限网络电路可等效为图 2-2-9 所示电路，这个电路是多么的常规和简单，这就是等效法的威力。现在解由 R、R_{AB}、R 串联后再与 R 并联的混联电路。$R_{AB}=R(R+R_{AB}+R)/(R+R+R_{AB}+R)$，整理得：$R_{AB}^2+2RR_{AB}-2R^2=0$，解之得：$R_{AB}=(3^{1/2}-1)R$。你有了这样的等效方法后，对无穷网络还害怕吗？

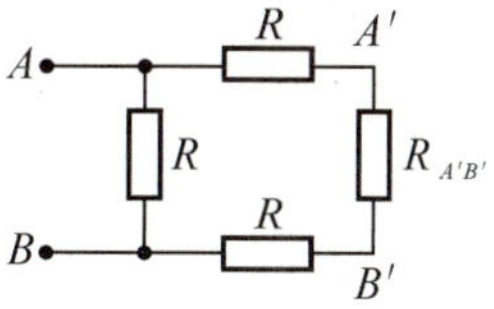

图 2-2-9

解密室

等效思想

其实，从曹冲称象到无穷网络再到当今的网络世界，折射出的是“等效”的光芒。等效已不只是一种方法，而是一种思想。世界上的方法很多，但能上升为思想的不多。我们把它称之为等效思想，它的源头是曹冲称象。曹冲称象的故事之所以能千年不衰、流传至今，道理就在于此。而这个故事的主人公却是一个只有 6 岁的幼儿，作为一个中学生的你，有何感想？

作为等效思想，当然就不再是静态的等量代换，而是动态的等效交换，才有了贸易、货币乃至当今中国的一带一路，这就是思想的威力，你能理解吗？

演练场

小试牛刀

请你根据上述的曹冲称象及其等效方法乃至等效思想，撰写一篇学习体会的千字文，让你的父母给其作出“合格、优秀、点赞”的评价。

第三节　理想实验

小故事

异想天开

曹冲 6 岁就能“称象”的故事流传至今，这只是一个神童的传奇，是可望而不可即的。现在给你讲一个小时候不太被人看好，但后来却一鸣惊人，比曹冲要牛上千倍的人。你猜此人是谁？

图 2-3-1

很可能你猜的是爱迪生，可他是 1931 年 12 月 18 日与世长辞的，算不上数百年不衰。这个人就是大名鼎鼎的牛顿(图 2-3-1)，他 1642 年 12 月 25 日出生，1726 年 3 月 20 日去世，至今已有 3 个世纪。

牛顿在中学时代学习成绩并不出众，只是爱好读书，对自然现象有好奇心。如颜色、日影四季的移动，尤其是几何学、日心说等。他还分门别类地记读书笔记，又喜欢别出心裁地做些小工具、小技巧、小发明、小试验，这些都不足为奇。到了 15 岁那年，他竟然来了个异想天开、奇思妙想。有一天，他和小伙伴们一起到海边玩耍。他不由自主地将海边的小贝壳、小石子向远方丢去，发现越用力，这些小玩意就飞得越远。他突发奇想："如果我的力量足够大，那么这些小玩意不就落不回地面上了吗？"对这个问题，他思考了好多天，直到一个晚上，他开窍了。他设想在一座高山上架起一门大炮，只要这门炮的威力足够大，炮弹的速度足够快，炮弹就可以像月亮那样围绕地球不停地旋转而不会掉下来。兴奋之余他将其设想画成了草图，笔者也将其加工成图 2-3-2 所示。牛顿炮弹的故事由此传开，牛顿的名字也随其的一句名言而远播世界："我好像是在海上玩耍，时而发现了一颗光滑的石子儿，时而发现一个美丽的贝壳而为之高兴的孩子。尽管如此，那真理的海洋还神秘地展现在我们面前。"这也许是他对"炮弹实验"的有感而发吧。

图 2-3-2

那么炮弹的速度是多少才不会掉下来呢？又是为什么呢？我们已经知道，物体在空中第 1 秒内自由下落的平均速度是 4.9 m/s，而地球是圆形的，它每 7.9 km 就向地平线下降 4.9 m，如果炮弹每秒飞行 7.9 km，同时下降 4.9 m，那这发炮弹就永远不会掉下来了。

点金石

理想实验

其实，牛顿大炮的设想方法属于理想实验法，它是科学研究中的一种重要方法。它把可靠事实和理论思维结合起来，可以深刻地揭示自然规律。它是在实验基础上经过概括、抽象、推理得出规律的一种研究问题的方法。

我们再来回顾一下上述故事，牛顿先是和小伙伴们一起到海边玩耍，向远方丢小贝壳和小石子，发现越用力，这些小玩意就飞得越远，这是可靠事实。如果力量足够大，那么这些小玩意不就落不回地面上了吗？这是理论思维。而牛顿的这种突发奇想(牛顿炮弹)就是把可靠事实和理论思维结合起来，意在深刻地揭示自然规律。经过推理得出，炮弹只要具备每秒飞行 7.9 km，同时下降 4.9 m 的条件，那这发炮弹就永远不会掉下来了。后人将这个速度称之为第一宇宙速度，为 7.9 km/s。随着科学技术的不断进步，人类发明了人造卫星，将牛顿大炮的创意变成了现实。我国于 1970 年 4 月 24 日 21 时 35 分成功发射的东方红一号人造卫星，成为世界上第五个用自制火箭发射国产卫星的国家，如图 2－3－3 所示。

图 2－3－3

理想实验的本质是：科学家们为了解决科学理论中的某些难题，以原有的原理、定理、定律等作为理想实验的“材料”，提出解决这些难题的设想作为理想实验的目标，并在想象中给出这些实验“材料”产生“相互作用”所需要的条件，然后，按照严格的逻辑思维操作方法去“处理”这些理想实验的“材料”，从而得出一系列反映客观事物规律的新原理、新定律，使科学难题得到解决，推动科学的发展。如伽利略的斜面实验和初中物理教材中推导得出声音不能在真空中传播的实验等都是理想实验的典范。

1. 伽利略斜面实验

图 2－3－4 是伽利略的斜面实验装置，在轨道的一边释放一颗钢珠，如果忽略摩擦力带来的影响，他发现钢珠从左边滚下后，再从右边的斜面滚上，钢珠将上升到与左边释放高度相同的点。若将右边的倾斜角减小，钢珠还是上升到原来的高度，但通过的路程比原来更长。假设右边的轨道为水平，钢珠想要达到原来的高度，但是钢珠无

法达到原来的高度，钢珠将永远运动下去。事实上，钢珠在轨道上滚动时，不可能不受到摩擦力的影响，所以在钢珠滚向水平轨道时，是不可能永远运动下去的。所以伽利略来了一个假设，如果忽略摩擦力的影响，那得出的结论是：钢珠将永远运动下去。伽利略斜面实验的卓越之处不是实验本身，而是实验所使用的方法，在实验的基础上进行理想化推理，开创了理想实验的先河，标志着物理学的真正开端。

图 2-3-4

2. 声音的传播实验

图 2-3-5 是探究声音是否能在真空中传播的实验装置。把正在响铃的闹钟放在玻璃罩内，逐渐抽出其中的空气。随着空气不断地被抽出，玻璃罩内的空气也越来越稀薄，听到的声音越来越小，最终听不清声音。其实，该实验要把玻璃罩内抽成完全真空是不可能的，所以真空不能传声的结论是无法通过实验直接得到的，但我们可以推理，真空不能传播声音的结论是正确的，这也是理想实验。

图 2-3-5

信息窗

惯性定律

亚里士多德是古希腊哲学家中最博学的人物，如图 2-3-6 甲所示。他根据经验事实得出结论：必须有力作用在物体上，物体才能运动，没有力的作用，物体就要停下来，即力是维持物体运动的原因。

伽利略的斜面实验揭示了现象的本质，指出了亚里士多德观点的错误，运动的物体所以会停下来，不是没有受到力的作用，而是受到摩

甲　　乙

图 2-3-6

擦阻力的缘故。他认为：力不是维持物体运动的原因，而是改变物体运动状态的原因。

笛卡儿补充和完善了伽利略的论点，图 2－3－6 乙所示。他提出：如果没有其他原因，运动的物体将继续以相同速度沿着一条直线运动，既不会停下来，也不会偏离原来方向。

牛顿在伽利略等人的研究基础上，结合自己的研究，系统地总结力学知识，提出三条运动定律，其中一条就是牛顿第一定律：一切物体在没有受到外力作用的时候，总保持匀速直线运动或静止状态。这个定律也称之为惯性定律。

解密室

百科全才

牛顿是个早产儿，出生时只有三磅重，他出生前的三个月父亲便去世了。他在少年时代，给人的印象是资质平常、成绩一般。但他面对现实，勤奋学习，寻找机会。15 岁那年，他的炮弹实验展示了他异想天开的创造力，闪耀出理想实验的科学光芒。正是有了这个异想天开的先例，才有了他后来如雨后春笋般的伟大成就，成为百科全书式的“全才”。他的三大定律被誉为是经典物理学的基础，他的万有引力定律，将天上、人间的运动统一了起来，实现了物理学史上的第一次大综合。他凭借其开创的微积分，被誉为世界四大数学家之一。面对这些成就，他却这样说：“那是因为我站在巨人们的肩上。”

演练场

小试牛刀

请你根据上述的牛顿炮弹及其理想实验的方法乃至思想，撰写一篇学习体会的千字文，让你的父母给其作出“合格、优秀、点赞”的评价。

第四节 科学论证

小故事

斜塔实验

上节牛顿所说的那个巨人，其实就是伽利略，如图 2-4-1 所示。他是意大利的物理学家和天文学家，他开创了以实验事实为根据，并具有严密逻辑体系的近代科学，他为牛顿理论体系的建立奠定了基础。他在小时候就非常聪明，对什么事物都充满强烈的好奇心，而且心灵手巧，似乎永远闲不住，不是画图画就是弹琴，时常给弟弟妹妹做许多灵巧的机动玩具。他的成名起始于一次他精心设计的比萨斜塔实验，如图 2-4-2 所示。

图 2-4-1

图 2-4-2

1589 年的一天，天空晴朗，25 岁的伽利略同他的辩论对手及许多人一起，来到意大利有名的建筑物比萨斜塔前。只见他快步登上塔顶，让两个分别重 100 磅和 1 磅的铁球同时自由落下。在众目睽睽之下，两个铁球出人意料地平行地一齐落到地面上。支持伽利略的一方胜。

那伽利略为什么要兴师动众地做这个实验呢？这是因为亚里士多德曾经断言：物体从高空落下的快慢与物体的重量成正比，重者下落快，轻者下落慢。伽利略发现了这一理论在逻辑上的矛盾，他说："假如一大一小的两块石头同时下落，按照亚里士多德的论断，小石头就会下落得慢些，大石头就会下落得快些。要是把这两块石头捆在一起，那这块重量等于两块石头重量之和的新石头，将以何种速度下降呢？”如果按亚里士多德的论断，将得出截然相反的两个结论：一方面，新石头的下降速度应小于大石头的下降速度，因为加上了一块以较慢速度下降的石头，会使大石头下降的速度减缓。另一方面，新石头的下降速度又应大于大石头的下降速度，因为把两块石头捆在一起，它的重量大于大石头。这两个互相矛盾的结论不能同时成立，可见亚里士多德的论断是不合逻辑的。

伽利略进而假定：物体下降速度与它的重量无关。伽利略的观点得到了当时的一小部分年轻学者的支持，但也受到当时一大批老教授和学者的反对。而当时的伽利略才 25 岁，名声不大，与大名鼎鼎的亚里士多德以及支持亚里士多德观点的老教授们相比，根本不是一个重量级的，所以伽利略才精心设计了比萨斜塔上精彩的一幕，他也因此而名声大震。

点金石

科学论证

比萨斜塔实验是物理学史上具有里程碑意义的伟大创举，开创了物理实验的先河。伽利略也因此而被人尊称为“实验之父”“近代科学之父”。更为可贵的是他那种敢于向权威挑战的质疑精神。他说过：“老实说，我赞成亚里士多德的著作，并精心地加以研究。我只是责备那些使自己完全沦为他的奴隶的人，变得不管他讲什么都盲目地赞成，并把他的话一律当作毫不能违抗的圣旨，而不深究其他任何依据。”伽利略的比萨斜塔实验，也成了实验法的一个典范。

所谓实验法，就是通过实验来解决学习和研究科学问题的基本方法。就物理实验而言，它包括验证型实验、测量型实验和探究型实验以及上节已经探讨过的理想型实验。

本节只对验证型实验作一探讨，并将其称之为“实验论证法”，即用实验的方法来论证科学理论的是否正确。用当下最时髦的一句话来概括，那就是：实践是检验真理的唯一标准。上节说过的人造卫星的成功发射，就成为“牛顿炮弹”这一伟大设想的有力证据。我国已经不只是发射了

图 2－4－3

人造地球卫星，还成功发射了绕月飞行的嫦娥五号卫星，并成功登月，如图 2－4－3 所示。

在自然科学史上，只有当某一学科达到了成熟阶段，才可能用数学表示成定律形式。这些定律不仅能解释已知的现象，还可以揭示出某些尚未发现的东西，但必须得到实验或事实的论证，才能被人们所接受。正如牛顿的万有引力定律（$F=Gm_1m_1/r^2$）预见了海王星那样，许多人，尤其是当时的一大批权威人士，对万有引力定律是持怀疑态度的，只有当人们发现了海王星的存在后，才真正确立了万有引力定律的历史地位。同样，集电磁学大成的伟大科学家麦克斯韦，在他 31 岁那年，就用其创立的麦克斯韦方程组（图 2－4－4）预言了电磁波的存在。他大胆地宣布：“世界上存在一种尚未被人们发现的电磁波，它虽看不见，摸不着，却充满在整个空间。”但它只是个预言，也只有当赫兹真正找到了电磁波，并测出电磁波传播的速度跟光速相同时，才迎来了当今那辉煌的信息化时代、互联网世界。还有爱因斯坦创立的质能方程（$E=mc^2$），揭示了物质的质量和能量之间的关系：“质量和能量不可分割地联系在一起的，1 克的质量相当于 9×10^{13} 焦耳的能量。”但谁相信呢？只有原子弹成功爆炸后，$E=mc^2$ 才征服了全世界。爱因斯坦也因此而获得了其唯一的一次诺贝尔奖，如图 2－4－5 所示。

$$\nabla\times \boldsymbol{E}=-\frac{\partial \boldsymbol{B}}{\partial t}$$
$$\nabla\cdot \boldsymbol{B}=0$$
$$\nabla\cdot \boldsymbol{D}=\rho$$
$$\nabla\times \boldsymbol{H}=\boldsymbol{j}+\frac{\partial \boldsymbol{D}}{\partial t}$$

图 2－4－4

图 2－4－5

信息窗

迈向太空

牛顿于 1687 年发表了他的不朽著作《自然科学的数学原理》，公布了他的万有引力定律：宇宙间任何两个质点，都彼此互相吸引，引力的大小与它们质量的乘积成正比，而与它们之间距离的平方成反比。写成数学表达式即 $F=Gm_1m_2/r^2$。它表示物体的质量愈大，引力愈强；物体间距离愈远，所受的引力就愈弱。太阳的质量比行星的质量大得多，约占太阳系总质量的98%，故太阳的引力最强，各大行星、彗星及小行星因此都以太阳为中心运转。牛顿认识到，使行星绕太阳运行并保持与太阳有一定距离的轨道的力量有两种：惯性和引力。在椭圆轨道上，行星飞离太阳的惯性趋势，正好与太阳对其吸引而接近的趋势互相平衡。他发现所有的天体都依照其质量发挥出引力。后来，天文学家正根据牛顿的万有引力定律，终于发现了用肉眼看不到的遥远的海王星和冥王星。

那是在1842年和1846年，英国天文学家亚当斯和法国天文学家勒威耶，根据天王星轨道运动的细微的不规则性，各自独立地利用万有引力定律推算之后，认为在天王星轨道外还有一颗大行星尚待发现。1846年9月23日，柏林天文台收到勒威耶的来信，德国青年天文学家在勒威耶利用万有引力定律计算结果的指点下，当晚就找到了被人们寻找了许久的太阳系第八大行星，即后来命名的海王星。过了一段时期，天文学家又发现海王星的运行轨道也有些异常，鉴于海王星的发现经验，汤博于1930年终于发现了更远处的冥王星。万有引力定律不仅开创了天体力学，还使人类逐步迈向太空深处，图2-4-6就是我国宇航员翟志刚太空迈步的精彩一瞬。

图 2-4-6

解密室

实验之父

伽利略是意大利伟大的物理学家和天文学家，26岁就因勇于向亚里士多德的权威理论挑战而一举成名，并以比萨斜塔实验和斜面实验奠定了其近代实验科学之父的地位。他在科学实验的基础上融会贯通了数学、物理学和天文学三门科学的内容，28岁成为帕多瓦大学的数学、科学和天文学教授。他扩大、加深并改变了人类对物质运动和宇宙的认识，45岁发明了世界上第一台天文望远镜，也因此被称之为发现新宇宙的第一人。他创立了对物理现象进行实验研究并把实验方法与数学方法、逻辑论证相结合的科学研究方法，开创了以实验事实为根据并具有严密逻辑体系的近代科学，为牛顿经典物理体系的建立奠定了基础。

演练场

小试牛刀

请你根据上述的伽利略斜塔实验的方法乃至思想，撰写一篇学习体会的千字文，让你的父母给其作出“合格、优秀、点赞”的评价。

第五节 测量比较

小故事

巧辨王冠

图 2－5－1

伽利略的比萨斜塔实验虽然影响较大，但毕竟其观看的人数及其吸引力是有限的。这里再介绍一个观看的人数、层次、吸引力都比较大的阿基米德实验。阿基米德(图 2－5－1)是古希腊的哲学家、数学家、物理学家。他流传于世的数学著作有 10 多种，享有人类有史以来“最伟大的四位数学家之首”(阿基米德、牛顿、高斯、欧拉)和“力学之父”的美称。

有一天，古希腊的王宫里传出了阿基米德要在王宫的大殿上为国王新做的一顶纯金王冠是否掺假作个鉴定的消息。听到这一消息，哪个不想到王宫里来一睹聪明人阿基米德的风采呢？其实事情的起因是这样的：国王让工匠替他做了一顶纯金的王冠，做好后疑心工匠在金冠中掺了假，但这顶金冠确与当初交给工匠的纯金一样重。到底工匠有没有捣鬼呢？既想检验真假又不能破坏王冠，这个问题不仅难倒了国王，也使大臣们面面相觑。有位大臣出了个让阿基米德来鉴别的主意，所以才传出了上述的消息。

鉴别的那一天，阿基米德请人准备了与王冠一样重的金子、银子以及一个备用的水盆，如图 2－5－2 所示。只见他将金子、银子和王冠分别浸没在水盆里，发现金块排出的水量比银块的要少，而王冠排出的水量却比金块的要多，于是结论出来了："王冠掺了假！"国王看了这番鉴定后并没有弄明白，于是让阿基米德作个解释。阿基米德笑着问国王："刚才用来鉴定的金子、银子与王冠是一样重的，但体积是哪一个大？"国王回答说："当然是银子的大。""那它们浸没在水里后排出的水量哪一个多？""当然是银子的多。""好！国王陛下说的对。那我再问你，如果王冠是纯金的，而且又与金子一样重，王冠浸没在水里后排出的水量与金子相比应该怎么样？""也应该一样才对！""可现在是王冠排出的水量比金块要多呀？"国王恍然大悟："王冠里掺了假，那个工匠私吞了黄金。"在场的所有大臣无不佩服，纷纷跷起了大拇指。这就是阿基米德巧辨王冠的故事。

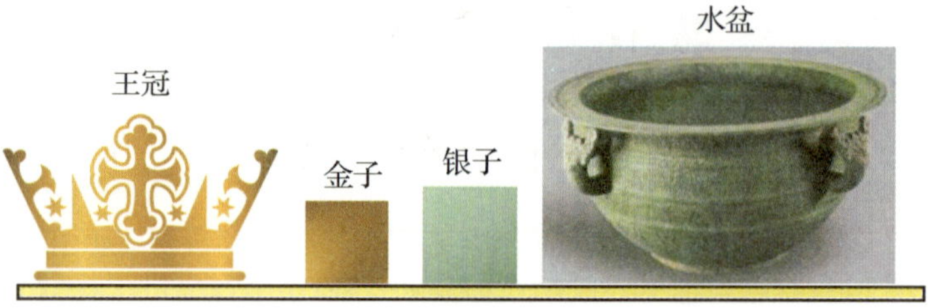

图 2－5－2

点金石

测量比较

阿基米德巧辨王冠的故事中的鉴定方法你明白了没有？为什么阿基米德请人准备了与王冠一样重的金子和银子？银子在这里起了什么作用？有没有必要？解决问题的关键又在哪里？

其实，这里涉及你在初二物理中学到过的密度知识。王冠、金子、银子一样重，就是为了控制它们的质量相同。金子和银子是两种不同的物质，其密度不同，通过体积大小的比较来判断它们密度的大小。很显然，金子比银子的体积小，所以金子比银子的密度大。金子要比银子贵，要掺假的话，只能掺密度比金子小的物质，所以阿基米德选择了银子作为比较的参照物。并将鉴别真假的方法由密度转化为体积，其前提是质量相同。而王冠的形状是不规则的，无法用常规的方法来测量，所以阿基米德备用了一个水盆，采用的是排水法，体积大的排出的水量就多。将它们分别浸没在水中，其排开水的体积就当然与其自身的体积相同了。鉴别真假的关键就在于王冠与金子浸没在水中后排出的水量是否相同。如果相同，王冠是纯金的；如果不同，那就是掺了假。你只要明白了这个道理后，就会知道银子在鉴别的过程中还有必要吗。这只是个障眼法，是阿基米德拿来在忽悠国王和大臣们的。这与浮力的知识有关吗？

阿基米德巧辨王冠的故事揭示的是该测量比较法的内涵：密度是描述物质属性的一个物理量，用它可以鉴别物质乃至鉴别王冠的真假。事实上，比较法在你的学习中是很有用的。

信息窗

比较方法

所谓比较，是将两个以上的对象放在一定条件下，按照同一标准对照，从而确定各对象属性的异同、地位的主次或功能的优劣，以达到认识对象为目的一种科学方法。除测量比较外，还有表格比较、图形比较、公式比较和方法比较等。

图 2-5-3

1. 表格比较

这里有两个形状完全相同的凸透镜和凹透镜，如图2-5-3所示。你有哪些方法将它们辨别开来？可采用表格的方式从摸、看、瞧、照、移这五个方面去比较，如下表所示：

序号	方法	依据	凸透镜	凹透镜
1	摸	镜的厚薄	中间厚边缘薄	中间薄边缘厚
2	看	字的大小	放大	缩小
3	瞧	像的正倒	倒立	正立
4	照	光的聚散	会聚	发散
5	移	镜与像的移动方向	反向	同向

表格比较最大优点是信息量大，便于纵向和横向的立体式比较，一目了然。

2. 方法比较

淋浴用水的流量约为 10 L/min，合适的水温约为 50℃，用水时间约为 4 分钟，如图 2-5-4 所示。

电热淋浴器有两种设计，一种是淋浴时电流直接对于流动的水加热，另一种则备有水箱，待箱中的水加热至合适的温度后再淋浴。加热前的水温以 20℃计。请根据上面提供的数据论证，第一种设计不适合大多数家庭的供电电路。

图 2-5-4

我们可以作这样的思考：若焦耳热全部用来使水升温，则 $f c \Delta t = IU$……①，其中的数据通过计算得：$f=1.67\times10^{-4}\ m^3/s$，$\Delta t=30℃$，$T=240\ s$，$c=4.2\times10^3\ J/(kg\cdot℃)$，$\rho=1.0\times10^3\ kg/m^3$，$I_{max}=10\ A$。

比较电流：由①得，$I=fc\Delta t/U$，代入已知数据得 $I=96\ A$。目前家庭电路所能承载的最大电流很少有超过 10 A 的，所以这种设计不适合家庭淋浴。

比较电压：由①得，实际工作电压 $U=fc\Delta t/I$，代入已知数据得 $U=2\ 100\ V$。远远超过家庭电路的电压是 220 V，所以这种设计不适合家庭淋浴。

比较比热：由①得，水的比热 $c=IU/f\Delta t$，代入已知数据得 $c=0.44\times10^3\ J/(kg\cdot℃)$，远小于 $4.2\times10^3\ J/(kg\cdot℃)$，所以这种设计不适合家庭淋浴。

比较温差：由①得，在家庭电路中升高的温度 $\Delta t=IU/fc$，代入已知数据得 $\Delta t=3.1℃$，远小于要求升高的温度 30℃，所以这种设计不适合家庭淋浴。

比较流量：由①得，在家庭电路中使用，水的最大流量 $f=IU/c\Delta t$，代入已知数据得 $f=1.75\times10^{-5}\ m^3/s$，远小于要求的流量，所以这种设计不适合家庭淋浴。

方法比较，使你的解题思路更加宽阔，希望你多加训练。

解密室

比较思想

阿基米德一生勤奋好学，专心致志地献身于科学，受到人们的尊敬与赞扬。他发现的杠杆定律和阿基米德原理以及利用这些定律设计的多种机械及其发明创造和保家卫国的故事流传至今。他的测量比较法已被提升为一种比较的思想。他的名言“给我一个支点，我就能撬动地球!”早已成为经典。正因为他的杰出贡献，美国的 E. T.

贝尔在《数学人物》上是这样评价阿基米德的："任何一张开列有史以来三个最伟大的数学家的名单之中，必定会包括阿基米德，而另外两人通常是牛顿和高斯。不过以他们的宏伟业绩和所处的时代背景来比较，或拿他们对当代和后世的影响深邃久远来比较，还应首推阿基米德。"

演练场

小试牛刀

请你根据上述的阿基米德巧辨王冠的故事及其方法，撰写一篇学习体会的千字文，让你的父母给其作出"合格、优秀、点赞"的评价。

第六节　扩大影响

小故事

半球实验

前几节我们讲的都是因"人"而出名的故事，本节换一个口味，讲一个因"球"而出名的故事，这就是马德堡半球。它至今还保存于慕尼黑的德意志博物馆中，如图 2-6-1 所示。

图 2-6-1

这个故事发生在 1654 年 5 月 8 日德国的马德堡市广场。那天风和日丽，晴空万里，十分爽朗。一大早，就有人在大街小巷里高声大叫："市长演马戏了！市长演马戏了！"吸引了成千上万的人拥向现场，连皇帝、贵族、许多大官也早早赶到那里。

真是人山人海、人声鼎沸，十分热闹。

只见广场的中心停着16匹高头大马，市长把马分成两群，每群8匹，中间是一个由两个半球合成的大铜球。双方各先出4匹，市长请示皇帝后一声令下，这8匹高头大马像拔河一样，双方按相反的方向使劲地拉着那合二为一的大铜球。两边的马夫都在大声吆喊，挥鞭催马。广场上的人群更是伸长脖子，一个劲儿地发出“加油、加油”的声音。奇怪的是，这8匹高头大马就是分不开那个大铜球，如图2-6-2所示。直到广场上的16匹马全部投入战斗，并死劲地抗拉一阵子后才突然听到“啪”的一声巨响，铜球分开成原来的两半，这就是著名的马德堡半球实验。

图2-6-2

实验者是马德堡市市长奥托·冯·格里克，他是个博学多才的军人，从小就喜欢听伽利略的故事，知识面很广，数理、法律、哲学、工程等无所不知，无所不通。因此他既能在军旅中过活，又可在政界中立足，更能在科学界发言。他1631年入伍，在军队中担任军械工程师，工作很出色，后来投身政界，1646年当选为马德堡市市长。无论在军旅中，还是在市府内，他都没停止过对科学的探索。

点金石

科学精神

也许你要问：德国马德堡市的格里克市长为什么心血来潮要做这个实验呢？

事情是这样的：他听说托里拆利研究大气压强的事后，又听说许多人不相信大气压，甚至还嘲笑挖苦托里拆利。更听说支持和反对的双方争论得很激烈，互不相让。他为托里拆利打抱不平，充分表现了他那种难能可贵的崇尚真理的科学精神。

他先找来玻璃管子和水银，重新做起托里拆利的这个实验，断定这个实验是准确无误的。再将一个密封完好的木桶中的空气抽走，木桶就“砰”的一声被大气“压”碎了！于是他凭借其市长的资源优势，精心设计了这场精彩的马戏表演。据说为了这次实验，格里克市长竟花费了4千英镑。但是，为了支持托里拆利的这个发现，他觉得值得。人

图2-6-3

们为了纪念他，自发地在马德堡老市政厅旁的小广场上竖起了他的雕像，如图 2-6-3 所示。

当然，这场精彩的马戏表演结束后，仍有一些人不理解这两个半球为什么拉不开，七嘴八舌地问这位市长。他又耐心地作了详尽的解释："平时，我们将两个半球紧密合拢，无须用力，就会分开。这是因为球内、球外都有大气压力的作用，相互抵消平衡了，好像没有大气作用似的。今天我把球内抽成真空后，球内没有向外的大气压力了，只有球外大气紧紧地压住这两个半球，所以就拉不开了。而且要有 16 匹高头大马使劲地拉，才能拉得开，说明这个大气压是非常大的。"通过这次"大型实验"，人们都终于相信有真空、有大气、大气有压力、大气的这个压力大得惊人。

这个实验的影响真是太大了，所以笔者将该实验所采取的方法称之为"扩大影响法"。它既反映了格里克对托里拆利发现的有力支持，也给大气压的神奇作了最好的宣传，更显示了这位市长崇尚真理的科学精神。说起他的科学精神，我们还可以至少挖掘出三点：

一是他利用德国人喜欢看马戏的习惯，而且是免费的，才有了成千上万的观众拥向广场，才会产生轰动效应。这源于他科学头脑所迸发出来的一种精神，尽管他需要花费 4 千英镑为这次轰动买单，但是他感到值得。

二是他在实验前做了充分的准备，目的是确保成功。所以他重做了托里拆利实验，又增加了裂桶实验，才有了底气。

三是他精湛的设计安排。他精心挑选了 16 匹高头大马，先来 8 匹，两边的马夫都在大声吆喊，挥鞭催马。奇怪的是，这 8 匹高头大马就是分不开那个大铜球，增加到 16 匹时，马还在死劲地抗拉一阵子后才将铜球分开成原来的两半，这吊足观众的胃口啊。这就是"扩大影响法"的精神所在。

当然，在当今的互联网时代，这种扩大影响法已经被人们使用得淋漓尽致了。今天利用媒体突出张三，明天借用比赛成就李四。但这种名人效应到底能影响多久，还得由后人评说。关键的是，看其轰动效应中是否彰显了科学精神。

信息窗

大气压强

大气对浸在它里面的物体产生的压强叫大气压强，简称大气压。上述的马德堡半球实验有力地证明了大气压强的存在，让人们对大气压有了深刻的认识。发现大气压的是意大利科学家托里拆利。他将一根 1 米长的细玻璃管中注满水银，倒置在盛有水银的水槽中，发现玻璃管中的水银大约下降到 760 毫米高度后就不再下降了。这 760 毫米刻度之上的空间无空气进入，是真空。托里拆利据此推断大气的压强就等于水银柱产生的压强，这就是著名的托里拆利实验，如图 2－6－4 所示。标准大气压的值为 1.013×10^5 Pa，等于 760 mm 水银柱产生的压强。由于地球对空气的吸引作用，空气压在地面上就要靠地面或地面上的其他物体来支持它，这些支持着大气的物体和地面，就要受到大气压的作用。大气压有着广泛的用途，如活塞式抽水机和离心式水泵都是利用大气压而工作的，高压锅也与大气压有关，如图 2－6－5 所示。

图 2－6－4

活塞式抽水机

离心式水泵

高压锅

图 2－6－5

解密室

市长智慧

奥托·冯·格里克虽然只是一个普通的市长，但是他有不一般的智慧，才做出了如此惊天动地的马德堡半球实验。虽然这个实验的名称没有用他的名字来命名（像前几节中介绍的几个名人，有他们成名的成果，如高斯定理、曹冲称象、牛顿三定律、伽利略实验、阿基米德原理），但是他为托里拆利打抱不平，彰显的是他更为人崇拜的科学精神。你要从中学习的正是他的这种智慧和精神。

演练场

小试牛刀

请你根据上述马德堡半球实验的故事及其方法和精神，撰写一篇学习体会的千字文，让你的父母给其作出“合格、优秀、点赞”的评价。

第七节 灵感而发

小故事

灵感而发

前六节的故事中，你是否发现有这样的一个共同特点，无论是高斯、曹冲、牛顿，还是伽利略、阿基米德、格里克，他们都是在众目睽睽之下而显山露水的。尤其是伽利略、阿基米德和格里克，他们的初露锋芒是一个比一个大，其众目睽睽的场面甚至有成千上万人。本节给你介绍的成名故事却是在不露锋芒中实现的，这个人就是奥斯特。

1820 年 4 月的一个晚上，作为教师的他，给学生作电磁现象的讲座。在其做演示实验的过程中，当电池与铂丝相连时，靠近铂丝的小磁针摆动了，如图 2－7－1。这一不显眼的现象没有引起学生的注意，而他却灵感突然迸发，非常兴奋，如获至宝。

图 2－7－1

奥斯特接连奋战了三个多月，终于在 1820 年 7 月 21 日，写成了《论磁针的电流撞击实验》的论文，正式向学术界宣告他发现了电流的磁效应，将电与磁紧密地联系了起来。笔者把奥斯特发现电流磁效应的这种方法，专门给它起个名字，叫灵感而发法。他也因这一杰出发现获英国皇家学会科普利奖章。

1908 年,丹麦自然科学促进协会开设“奥斯特奖章”,以表彰做出重大贡献的物理学家。1934 年,以奥斯特的名字作为“磁场强度”的单位,与牛顿享受同样的待遇。1937 年,美国物理教师协会设立“奥斯特奖章”,奖励在物理教学上做出贡献的物理教师。

点金石

改变世界

那么奥斯特的《论磁针的电流撞击实验》这篇论文又是怎样完成的呢?

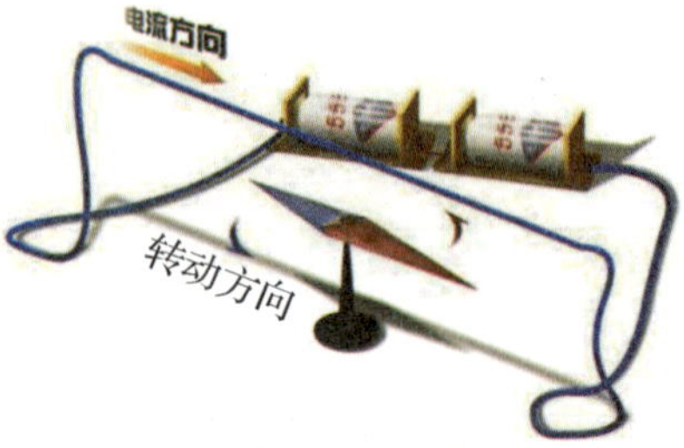

图 2-7-2

那是他在反复实验的基础上完成的,从中也能反映他严谨的科学态度和求真的科学精神。他将导线的一端和电池的正极连接,导线沿南北方向平行地放在小磁针的上方,当导线另一端连到负极时,磁针立即指向东西方向,如图 2-7-2 所示。为了避免发现的偶然性,他又改变实验的条件,把玻璃板、木片、石块等非磁性物体插在导线和磁针之间,甚至把小磁针浸在盛水的铜盒子里,磁针照样偏转。

奥斯特认为,在通电导线的周围发生了一种“电流冲击”。这种冲击只能作用在磁性粒子上,对非磁性物体则是可以穿过的。磁性物质或磁性粒子受到这些冲击时,阻碍它穿过,于是就被带动,发生了偏转。导线放在磁针的下面,小磁针就向相反方向偏转;如果导线水平地沿东西方向放置,这时不论将导线放在磁针的上面还是下面,磁针始终保持静止。他认为电流冲击是沿着以导线为轴线的螺旋线方向传播,螺纹方向与轴线保持垂直。这就是形象的横向效应的描述。

奥斯特对磁效应的解释,虽然不完全正确,但并不影响这一实验的重大意义,它证明了电和磁能相互转化,这为电磁学的发展打下基础。奥斯特在各种影响因素都考虑清楚后,才发表了那篇足以改变世界的论文。

因为有了“电流磁效应”的发现,才有了电磁铁和电磁继电器,自动化应用从此进入了新时代;才有了后来的安培力发现,有了电动机,劳动力的解放因此而成为可能;才有了后来的法拉第发现,有了发电机,电气化时代因此而提前到来;才有了后来的麦克斯韦发现，有了电磁波，现代通信因此而变得非常便捷；才有了后来的博纳斯发现，有了当今的互联网，中国的阿里巴巴、腾讯因此而立足于科技世界的桥头堡。

信息窗

电磁感应

奥斯特的发现，给许多物理学家以创造的空间。他们试图寻找到它的逆效应：磁能否产生电，磁能否对电有力的作用？其中代表性人物有下列三位：

1. 阿喇戈

阿喇戈(图 2-7-3)是英国的物理学家和天文学家，曾担任巴黎天文台台长。他在 1822 年测量地磁强度时，偶然发现金属对附近磁针的振荡有阻尼作用。他根据这个现象做了铜盘实验，发现转动的铜盘会带动上方自由悬挂的磁针旋转，但磁针的旋转与铜盘不同步、稍滞后。可以这样说：电磁阻尼和电磁驱动是世界上最早发现的电磁感应现象，可惜的是没有直接表现为感应电流，也未能予以说明而不了了之。

图 2-7-3

2. 法拉第

法拉第(图 2-7-4)是英国物理学家、化学家，著名的自学成才的科学家。他从 1821 年开始就对电磁现象产生了极大的热情，并开始转向电磁学的研究。他仔细地分析了电流的磁效应等现象，认为既然电能够产生磁，反过来，磁也应该能产生电。于是，他企图从静止的磁力对导线或线圈的作用中产生电流，但是努力失败了。经过近十年的不断实验，终于在 1831 年 10 月 17 日，首次利用如图 2-7-5 所示的实验装置发现了电磁感应现象，改变了人类文明的进程。他的发现奠定了电磁学的基础。

图 2-7-4

在该装置中，有两个大小不同的线圈，线圈 A 的中间有软铁，成为一个电磁铁。两个接线柱与电源的两极连接，线圈 B 的两个接线柱与灵敏电流计、开关连接。开关闭合时，就成了一个闭合电路。将线圈 A 迅速从线圈 B 中抽出或插入，实质上是在做切割磁感线运动，发现电流计的指针发生偏转，说明线圈 B 有电流，这个电流就是感应电流，这种现象就是法拉第发现的电磁感应现象。

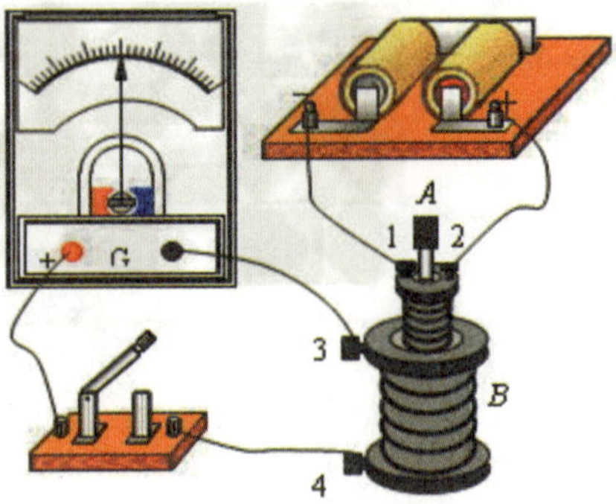

图 2-7-5

根据这个实验，法拉第在 1831 年 10 月 28 日发明了圆盘发电机，这是他第二项重大发明。这个圆盘发电机结构虽然简单，但却是人类创造出的第一个发电机。现代世界上产生电力的发电机就是从它开始的。法拉第还把产生感应电流的情形概括为 5 类：变化的电流、变化的磁场、运动的恒定电流、运动的磁铁、在磁场中运动的导体，并把这些现象正式定名为电磁感应。

3. 科拉顿

科拉顿是世界上首个测出水中声速的瑞士物理学家。在其 23 岁的 1825 年，他用导线绕制了一个线圈，再用一只灵敏电流计来检查与线圈相连接的导线中是否有电流存在。他想，当用磁铁插进线圈时，可能会在线圈中产生电流。为了避免磁铁对灵敏电流计的直接影响，他把灵敏电流计放到另外一个房间里，并用导线跨过灵敏电流计与隔壁房间里的线圈连接起来，如图 2-7-6 所示。实验时，科拉顿将一根磁铁插进线圈里，然后迅速奔向隔壁房间，观察灵敏电流计的偏转情况。可是他没有看到他所期待的指针的偏转，于是他又回到有线圈的那个房间，把磁铁从线圈中抽了出来，又迅速奔向隔壁房间的灵敏电流计面前，还是没有看到指针的偏转。其实，磁铁从线圈中插进或抽出的一瞬间，指针已经发生了偏转。只是当他迅速奔向隔壁房间的这段时间里，那个灵敏电流计的指针已经转回原来的位置，当然他就看不到期待的情况发生。

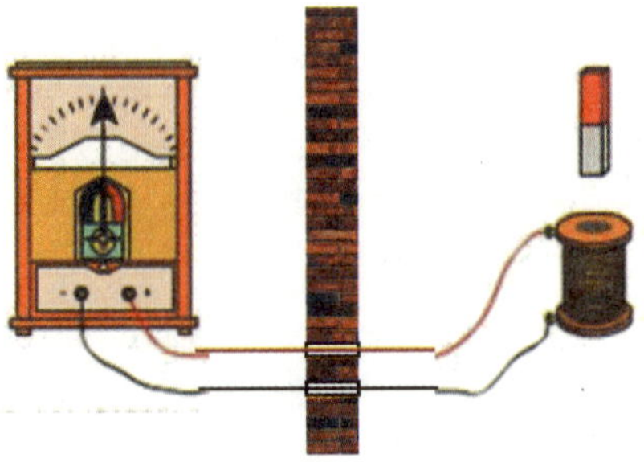

图 2-7-6

事实上，科拉顿与法拉第设计的实验装置没有多大的区别。唯一不同的是科拉顿把电流计放到他看不见的地方，而法拉第则放在自己身边。在电磁铁或磁棒插入线圈的瞬间，电流计的指针发生偏转，法拉第的成功就发生在这一瞬间里。有人说：倒霉的科拉顿，在跑来跑去中丢失了良机。失去良机的原因是科拉顿错误地认为：用磁场产生的电流是稳定的，当磁铁在线圈中插进或抽出时产生出来的电流应该能够维持一段时间，跑到另一个房间去观察是来得及的。他哪里知道，磁场产生的电流是瞬时的，就是这一念之差使发电机的应用推迟了 5 年。

解密室

插柳栽花

我们再来回顾一下，从奥斯特发现电流的磁效应到法拉第发现电磁感应现象的这短短的十多年时间，却开创了一个足以改变世界的电磁学新时代。奥斯特的发现是无心插柳，三个月成荫；法拉第的发现则是有心栽花，十年才开。从他们的身上，你是否看到了一流物理学家那高超的思维方法、严谨的科学态度、顽强的坚持性格和求真的科学精神？

思维方法的高超集中在对“瞬间”现象的捕获能力，奥斯特对电流磁效应的发现灵感于小磁针的瞬间转动，法拉第对电磁感应现象的发现则是电流计指针的瞬间偏转，都是在那一眨眼之间。奥斯特为了那灵感的一眨眼，又花了三个月的时间去探索、完善，体现的是严谨的科学态度。法拉第为了那期待的一眨眼，坚持了十年的苦苦等待，彰显的是顽强的坚持品格。无论是三个月还是十年，闪耀的都是他们求真的科学精神。你说是吗？

演练场

小试牛刀

请你根据上述两个重大发现的故事及其方法和精神，撰写一篇学习体会的千字文，让你的父母给其作出“合格、优秀、点赞”的评价。

瞭望角

本章总结

通过本章对七位智者一举成名的故事解读，你是否已经心有所得？

曹冲 6 岁就能称象，其等量代换的思维方法你把握了多少？高斯 9 岁就能凭其先分后合的高超手法，在须臾之间就对自然数 1 到 100 求和，巧妙在哪里？牛顿 15 岁就有了理想实验的萌芽，让炮弹绕着地球运动，他成名的秘诀来自何方？伽利略 25 岁就敢于向智慧的化身亚里士多德挑战，比萨斜塔的验证性实验对物理学的发展产生了多大的影响？阿基米德测量王冠的比较之法智在哪里？笔者为何将格里克的马德堡半球实验之法称之为扩大影响法？从奥斯特的无心插柳三个月成荫、法拉第的有心栽花十年才开中，你又有哪些感悟？

其实，上述七位智者的成名都有一定的代表性。曹冲和高斯都是属于神童类的，他们从小就有非凡的才气和优越的成名环境。牛顿和爱因斯坦的成名也十分相似（爱因斯坦的故事在本丛书之《发明创造的秘密》一书中介绍过），他们在少年时代并不出彩，给人的印象是智力平平。但他俩富有思想，牛顿在 15 岁有炮弹实验，爱因斯坦在 16 岁有追光实验；牛顿在 26 岁左右就有震惊世界的巨著《自然哲学的数学原理》和《微积分》的发表和成稿，爱因斯坦在 26 岁也发表了足以改变世界的《相对论》等 4 篇论文，他俩都成了世界最伟大的物理学家。伽利略和阿基米德的成名，源自于众目睽睽的实验。奥斯特和法拉第的成名，则是在实验中悄悄实现的。而格里克的成名则是在为真理两肋插刀、轰轰烈烈的表演中达成的。他们的成名虽然方法各异，但都闪耀着科学精神的光彩，值得我们学习和仰望。

收获篇

再试牛刀

通过本章的学习与总结，你对智者成名之谜是如何解读的？请撰写一篇“我的成才之路”千字文，让你的父母给其作出“合格、优秀、点赞”的评价。

第三章 院士成就的秘密

上一章我们讲述了七个智者成名的故事，其中彰显的那些科学方法、科学思想、科学观念、科学精神乃至他们的人文情怀都是可以跨越时空和地域的限制，成为当今中学生学习的典范。本章我们将隆重介绍八位从扬州中学走出去的中国科学院院士或工程院院士的主要成就及其思想方法。

据2016年的不完全统计，全国两院院士的总数已经达到1 773人，扬州籍院士人数也已突破74人。其中先后从扬州中学走出去的就有49人，这不仅是扬州中学的骄傲，也是扬州这座城市的一张名片，更是扬州学子的一份荣耀。2015年9月，扬州中学院士广场建成并对外开放。该广场以从扬州中学毕业的院士为主题，设立了院士浮雕墙、院士雕塑和院士广场记，如图3－1－1所示。

图3－1－1

2014年5月扬州院士博物馆建成并对外开放，如图3－1－2A所示。馆内既有文字图片、雕塑、手迹等，还能播放当时已经收集到的74名院士们珍贵的影像资料。其中的扬州院士名录如图3－1－2B所示。树人学校也在校园内设立了大院士墙，激励学生向院士们学习，自觉、自信地走上科技创新的幸福之路，如图3－1－2C所示。

图3－1－2

第一节　四个共同

小故事

航天元勋

图 3 - 1 - 3

黄纬禄，我国著名的火箭与导弹控制技术专家和航天事业的奠基人之一，“两弹一星”元勋，中国科学院资深院士，国际宇航科学院院士。他是我国导弹自动控制技术的创业者，开创了我国固体战略导弹先河，奠定了我国火箭与导弹技术发展的基础，他是我国“航天四老”之一，如图 3 - 1 - 3 所示。

1933 年 8 月，黄纬禄以优异的成绩考入江苏省省立扬州中学高中部。他学习非常认真，扬州中学树人堂内还保留着他珍贵的学习资料。他当年的学习笔记走红网络：如同印刷版的手写体、工整的标点和符号、细致精美的画图，如图 3 - 1 - 4 所示。正是他在学校里养成的一丝不苟的品格，帮他在日后的火箭与导弹控制技术上有如此重大的突破，成为我国“两弹一星”元勋，使得美国等西方强权不能小瞧中国。黄纬禄理所应当地成为扬州中学 49 位院士中的杰出代表，成为扬州院士精神的楷模。

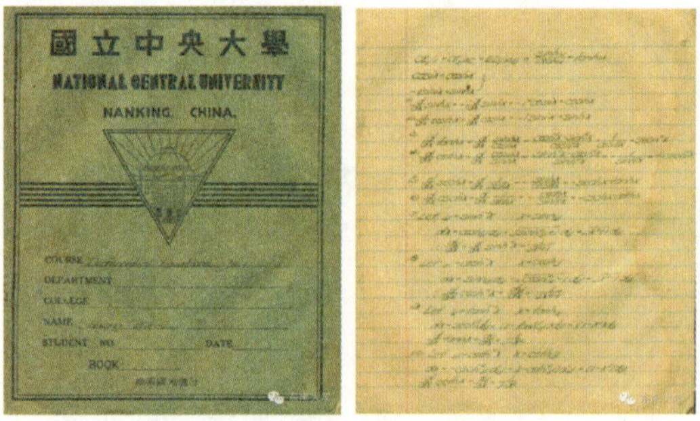

图 3 - 1 - 4

图 3 - 1 - 5

院士广场竖立的四位院士雕像，是按照 1∶1 的真人模型塑造的，其中的一个就是黄纬禄（右一），如图 3 - 1 - 5 所示。其余三座院士雕像分别是胡乔木、吴征镒和吴良镛。胡乔木曾任中共中央顾问委员会常务委员、中共中央党史工作领导小组副组长、中国社会科学院名誉院长，被称作“中共中央一支笔”。他给扬中题词中的“正直向上，热于求知”被定为扬中校风，他还为扬中新校歌撰写了歌词。吴征镒、吴良镛均为国家最高科技奖获得者，吴良镛还是扬中校友院士中唯一一位既是中国科学院又是中国工程院的院士，是四位院士中唯一健在的院士。

值得一提的是，20 世纪 70 至 80 年代，黄纬禄在没有任何国外实物和资料可借鉴的情况下，成功地领导和主持研制出了我国第一枚潜地固体战略导弹、第一枚陆基机动固体战略导弹，突破了我国水下发射技术和固体发动机研制技术，填补了我国固体战略导弹技术的空白，获得国家科技进步奖特等奖。他探索出了一条我国固体火箭与导弹发展的正确道路，为我国航天事业做出了卓越的贡献。

点金石

四个共同

“四个共同”是黄纬禄院士对其领导的团队工作的实践总结，即“有问题共同研究，有困难共同克服，有余量共同掌握，有风险共同承担”。他将其称之为“四个共同”原则或方法，体现的是一种民主精神、协商办事精神、集体决策精神和他的责任担当，后来成了团队思想文化基础，航天工程各系统协同工作的金科玉律。

1979 年 8 月，潜地导弹型号调整到二院后，正当各方面工作顺利进行的时候，问题出现了。他们研制的一级发动机在试车时摆动喷管的摩擦力矩大大超过了任务书所提的要求，这项指标的超差将使导弹的出水姿态难以控制。当时虽然科研人员非常重视，也经过了多次改进，但没有明显的效果，问题什么时候能得到解决是个未知数。

正值总设计师办公室刚刚建立，科技报国心切的他在这个紧要关头，果敢做出决定，召开第一次总师扩大会。他针对解决问题的瓶颈，呼吁大家“有问题共同商量，有困难共同克服，有余量共同掌握”“不能出了问题时相互指责、埋怨”。他明确表示：“作为总设计师，我首先要承担责任。”会议结束后，大家对他的建议非常满意，在“四个共同”原则的激励、指导和鞭策下，潜地导弹的许多技术难题得到了迅速解决。

几年后，当那枚震惊世界的导弹发射成功后，回顾成功之路，参与研制的专家们一致认为“四个共同”是成功的最重要原因之一。航天事业要求的是一种团结、协作的精神，而“四个共同”原则已成为航天人的一种职业理念，也是航天事业的一笔宝贵的精神财富。

信息窗

雷震海天

反映黄纬禄院士人生经历的传记《雷震海天——导弹总体与控制技术专家黄纬禄》，如图 3－1－6 所示，对其一生作了高度的概括性评价：黄纬禄是我国获得“两弹一星”功勋奖章的科学家，中国科学院院士和国际宇航科学院院士，曾任我国第一代固体潜地导弹、固体弹道导弹总设计师。他于 1947 年获伦敦大学无线电系硕士学位后回国，20 世纪 50 年代开始参加国产导弹的研制，前后主持突破了我国液体导弹的仿制和自行设计难关，主持研制成功我国第一发固体潜地战略导弹。提出“一弹两用”设想，主持研制成功陆基机动固体战略导弹系统，为我国的导弹和航天事业作出了重要贡献，获得国家科技进步特等奖。黄纬禄提出并践行的“四个共同”原则，是航天系统工程的宝贵经验。

图 3－1－6

他十分重视科技发展方向、战略、规划、计划等的制订工作，也注重通过科研生产实践，积累科技管理经验。早在 20 世纪 60 年代初期，他作为我国导弹与航天技术的主要创始人之一，参加了《火箭技术发展途径和火箭技术的八年发展规划》的讨论，积极赞同这一发展规划，发表了有价值、中肯的意见，特别是对控制技术的发展更有见地。对我国液体弹道导弹和运载火箭的发展，发挥了重要作用。

他注意总结和积累型号研制工作科学管理经验，在航天系统是人所共知的。除了“四个共同”外，他还总结和撰写了《关于设计师工作经验》和《质量是航天产品的生命》等专论，在这些论著中，较系统地提出或总结了航天产品质量管理与控制的办法，如：质量管理与控制要以预防为主，消除隐患，杜绝重复故障出现；航天产品生产中执行“三检制”（自检、互检、专检）；型号总装时做到“三到位”（操作人员、检验人员、设计人员同时到岗位）；飞行试验前的测试中开展“双想”活动（回想、预想），查漏补缺，采取预防措施；不带问题出厂、不带疑点转场、不带隐患上天等。这些从实践中总结的经验和办法，对各类导弹与航天型号的研制都是至关重要的，也是我国航天事业的一笔财富。

解密室

精神财富

黄纬禄是从扬州中学走出去的一位学霸，他读书时期的学习笔记如同印刷版的手写体，还能走红当今网络，正体现了他在学校里塑造成的“严、慎、细、实”优秀品格。他积累的“四个共同”（有问题共同研究，有困难共同克服，有余量共同掌握，有风险共同承担）、“三到位”（操作人员、检验人员、设计人员同时到岗位）和“双想”活动（回想、预想）等方法，无论对你今天的学习还是以后的工作，都将是宝贵的精神财富。

演练场

小试牛刀

请你根据黄纬禄院士的科学精神和工作方法，撰写一篇学习体会的千字文，让你的父母给其作出“合格、优秀、点赞”的评价。

第二节　发酵顿悟

小故事

双料院士

吴良镛，著名建筑学与城市规划专家，清华大学建筑系主任，世界人居学会主席，

图 3-2-1

如图 3-2-1 所示。他的中学时代是在扬州中学抗战西迁时称之为国立二中度过的，1940 年以优异的成绩毕业并考入中央大学建筑系。1946 年协助梁思成创建清华大学建筑系。1949 年毕业于美国匡溪艺术学院，获硕士学位。1950 年回国投身新中国建设。1980 年当选中国科学院院士，1995 年当选中国工程院院士。他是集中国科学院与工程院这两院最高荣誉于一身的双料院士，还是国家最高科学技术奖获得者。该奖自 2000 年设立至今，只有 27 人获此殊荣。2012 年，他与加速器物理学家谢家麟同获此殊荣。

在他登上国家最高科技奖领奖台的第二天，《扬子晚报》记者有幸拨通其北京家中的电话，他说："我作为江苏人，因为抗战，在国立二中读书。国立二中是江苏省的，在抗战中，由优秀教师组织，后来我的一些学术基础都是在国立二中打下的。我在那里受到教育，感谢母校。"他语速很缓慢，但记忆格外清晰。"我还记得那时我们的校长叫周厚枢。"（周厚枢出任扬州中学校长时才 28 岁，他求贤若渴、广揽人才，是扬州中学声名远扬的开拓者）树人学校的学生得此喜讯后，开展了学习吴良镛院士的系列活动，图 3-2-2 是树人少科院吴良镛研究所的学生开展该活动的剪影。

图 3-2-2

图 3-2-3

吴良镛先后获得世界人居奖、国际建筑师协会屈米奖、亚洲建筑师协会金奖、陈嘉庚科学奖、何梁何利奖以及美、法、俄等国授予的多项荣誉称号。他是与屠呦呦、谢家麟、郑哲敏、张存浩同时获得小行星永久命名者的五位著名科学家之一，如图 3-2-3 所示。

点金石

发酵顿悟

吴良镛院士回顾其几十年的学术人生，深切地体会到科学理论的创新不是一蹴而就的，而要时刻保持对新鲜事物的敏感，不断注意现实问题与学术发展的情况，进行知识累积、比较研究、借鉴启发，逐步发酵，得到顿悟。他的顿悟是：

1. 建筑学要走向科学

他是在1940年的战火纷飞中进入中央大学建筑系，受到学术思想的启蒙。1948年赴美求学，接触到西方先进的学术思想。1950年回国，投身新中国城乡建设，参与长安街规划设计、天安门广场扩建规划设计、毛主席纪念堂规划设计等重大项目，如图3-2-4所示。“文革”结束后满怀激情地再次投身于建筑领域中，找到建筑学的方向：建筑学必须向科学发展，否则难以适应形势的要求。

图3-2-4

2. 从广义建筑学起步

通过对交叉学科理论知识的涉猎、对古代人类聚落遗址的考察，他认识到建筑学不能仅指房子，而需要触及它的本质。即以聚居说明建筑要从单纯的房子拓展到人、到社会，从单纯物质构成的建筑物要拓展到社会构成。他创造性地提出了广义建筑学，从建筑天地走向大千世界，如图3-2-5所示。

图3-2-5

3. 追求新的学科体系

他从对传统建筑学因时代而拓展进行种种探索及对国外种种城市规划理论的研究，逐步理解到不能仅囿于一个学科，而应从学科群的角度整体探讨研究，需要追求一种不囿于过去的新学科体系。他第一次提出人居环境科学，探讨如何

图3-2-6

科学地利用空间，实现空间及其组织协调秩序的有序空间。人居环境科学始终以人为核心，所有层次的空间规划都为人的生活服务，旨在创造适合于社会生活生产美好的宜居环境，如图 3－2－6 所示。

4. 推动人居环境科学

人居环境科学涉及诸多学术领域，要走向科学、人文、艺术的融汇。他将科学定位在绿色建筑、节能减排等技术的研究与应用上；将人文渗透于社会科学的融入、对社会中下阶层的关怀里；将艺术提高到以人的生活为中心的美的欣赏和艺术的创造上。2014 年，他在中国美术馆举行题为“人居艺境”的展览，将其书法、建筑、绘画、速写等作品进行展览，如图 3－2－7 所示。将居处的人居环境展示出美和艺术创造，其中蕴含的艺术境界丰富、充实而又深远。从自然环境到人文环境，从个人生活到社会运转，无所不包又无处不在。这是人居科学研究的一个新领域，尚有广阔的空间待探索和发掘。

图 3－2－7

信息窗

主要成果

吴良镛院士长期从事建筑与城乡规划基础理论、工程实践和学科发展研究，针对我国城镇化进程中建设规模大、速度快、涉及面广等特点，创立了人居环境科学及其理论框架。该理论以有序空间和宜居环境为目标，提出了以人为核心的人居环境建设原则、层次和系统，发展了区域协调论、有机更新论、地域建筑论等创新理论；以整体论的融贯综合思想，提出了面向复杂问题、建立科学共同体、形成共同纲领的技术路线，突破了原有专业分割和局限，建立了一套以人居环境建设为核心的空间规划设计方法和实践模式。该理论发展整合了人居环境核心学科——建筑学、城乡规划学、风景园林学的科学方法，受到国际建筑界的普遍认可，在 1999 年国际建筑师协会通过的《北京宪章》中得到充分体现。

他运用人居环境科学理论，成功开展了从区域、城市到建筑、园林等多尺度多类型的规划设计研究与实践，在京津冀、长三角、滇西北等地取得一系列前瞻性、示范性的规划建设成果；他主持完成北京菊儿胡同四合院工程，推动了从大拆大建到有机更新的政策转变，为达成从个体保护到整体保护的社会共识，作出了重大贡献；他主持设计曲阜孔子研究院等，创造出一批传统文化内涵和现代艺术整体性相统一的建筑，如图 3－2－8 所示。

北京菊儿胡同四合院

曲阜孔子研究院

图 3－2－8

解密室

饮水思源

吴良镛是从扬州中学走出去的一位双料院士。在他荣获国家最高科技奖的时候，还能记起他 72 年前在扬州中学学习时的老校长周厚枢的名字，充分体现了他饮水思源、不忘初心的高贵品格。这样的品格，才能使他在 70 多年的建筑王国里逐步发酵出创新理论：建筑学要走向科学，从广义建筑学起步，追求新的学科体系，推动人居环境科学；才能使他成为人居环境领域里的一面旗帜；才能成为世界人居奖、国际建筑师协会屈米奖、亚洲建筑师协会金奖、陈嘉庚科学奖、何梁何利奖的得主，还被美、法、俄等国授予多项荣誉称号。

演练场

小试牛刀

请你根据吴良镛的发酵顿悟的方法，撰写一篇学习体会的千字文，让你的父母给其作出“合格、优秀、点赞”的评价。

第三节　五之三境

小故事

极命草木

图 3－3－1

有位小孩的第一位启蒙老师竟是家里的后花园，那时才五六岁的他，最爱去花园里玩耍，千姿百态的花草树木让他领略到大自然的神奇。等长大些开始读书了，他最爱读的书竟是家里收藏的一本清代人撰写的《植物名实图考》。他对着这本书的图谱，去花园里辨识那些以前叫不上名字的花草，乐在其中。他看图识字般地认识了几十种树木花草，积累了上百份标本。人们哪会想到，就是这个小时候喜欢琢磨花花草草的孩子，后来成了中国发现和命名植物最多的大植物学家。这个小孩就是中国科学院的资深院士吴征镒，如图 3－3－1 所示。

图 3－3－2

当吴征镒以同等学力跳级考入扬州中学高中后，遇到了一位教植物的唐耀老师。唐老师不仅讲课认真，而且很重视课外活动，再次激发了吴征镒对植物学的兴趣。图 3－3－2 是吴征镒与其恩师唐耀的合影。

1933 年，吴征镒以第 13 名的优异成绩考入清华大学生物系，师从吴韫珍教授。从懵懂孩童到耄耋老者，一辈子沉浸在他钟爱的植物学研究中，践行着“极命草木”的精神。

吴征镒院士是著名植物学家，从事植物学研究和教学七十年，是我国植物分类学、植物系统学、植物区系地理学、植物多样性保护以及植物资源研究的著名学者。2008 年，这位一生与草木打交道的科学家，凭借他对我国和世界植物学研究的杰出贡献，在 92 岁高龄之际登上了国家最高科学技术奖的领奖台。吴征镒院士于 2013 年 6 月 20 日因病逝世，享年 97 岁。消息传至他的母校，扬州中学树人学校的学生缅怀他那“极命草木”的精神，掀起了学习吴征镒院士的热潮，图 3-3-3 是树人少年科学院吴征镒研究所的学生悼念和学习活动时所拍摄的照片。

图 3-3-3

点金石

五之三境

吴征镒院士正是在个人的志趣和应用相结合中走完他自己人生道路的。他一生热爱党、热爱祖国、热爱科学事业。他扎根边疆，淡泊名利，治学严谨，学识渊博，远见卓识，为我国植物科学事业鞠躬尽瘁。他践行“极命草木”精神，信奉的人生格言为五个“之”：“博学之，审问之，慎思之，明辨之，笃行之。”他提倡科学研究的三个境界“一是立志立题，确立科研思路；二是殚精竭虑，百折不挠；三是上下求索，终有所得”。树人少科院将其归纳为一种精神（极命草木）和融“五个之和三个境界”为一体的“五之三境法”。他的逝世，使我国科学界失去一位大师，植物学界失去一位巨匠。为了纪念他，2017 年首个吴征镒植物学奖在深圳市颁发，如图 3-3-4 所示。

图 3-3-4

“他是世界上最杰出的植物学家之一，是一位对中国乃至世界其他地方的植物有着广博知识的真正学者。”美国科学院的一位院士这样评价吴征镒。

吴征镒 1955 年选聘为中国科学院学部委员（院士），1979 年又当选为中国科学院主席团成员。1958 年任中国科学院昆明植物研究所所长，1979 年兼任中国科学院昆明分院院长。后曾任云南省科委副主任，云南省科协主席，《中国植物志》（中、英文版）

主编。他是美国植物学会终身外籍会员，瑞典植物地理学会名誉会员，前苏联植物学会通讯会员。1997 年他当选世界自然保护协会 ISCN 理事。

他先后获国家级一、二等奖 7 项(其中国家自然科学一等奖 2 项，国家发明一等奖 1 项)，院省级一、二等奖 8 项。1995 年获何梁何利基金会“科学与技术进步奖”，1996 年获求是基金会“杰出科技成就团体奖”，1999 年荣获日本花卉绿地博览会纪念协会“考斯莫斯国际奖”，2001 年荣获云南省科学技术突出贡献奖，2003 年荣获何梁何利基金会“科学与技术成就奖”，2007 年获国家最高科学技术奖。耄耋之年的吴征镒始渐脱去烦务，静心著书立说，并随读随写，系统读，系统写，先后完成了《中国被子植物科属综论》《中国植物志(总论)》《种子植物分布区类型及其起源与演化》《中国种子植物区系地理》四本专著。

几十年来，吴征镒培养了众多优秀的助手和研究生。除前述 4 本专著外，他还与诸弟子协作完成了《论木兰植物门的一级分类，一个被子植物八纲的新方案》《被子植物的一个“多系一多期一多域”新分类系统总览》《世界种子植物科的分布区类型系统》《中国植物区系中的特有性及其起源分化》等重要论文，代表他领导的科研集体自主创新性科学研究成果。

信息窗

后继有人

树人少科院在践行吴征镒院士“极命草木”精神的同时，将其信奉的人生格言“五个之”及其科学研究的“三个境界”作为学习的宗旨，并将其归纳为指引自己走向科技创新成才之路的融学习与科研为一体“五之三境法”。

尤其是吴征镒研究所的小院士们纷纷以他们心系的导师为榜样，积极参加小院士课题研究活动，20 多个与植物学相关的研究成果在各级各类组织的科技创新大赛中获奖。其中金于楠同学的《气候变暖影响植物种子萌发吗？——以拟南芥种子为例》在 2017 年江苏省青少年科技创新大赛中荣获一等奖，入围参加在杭州市进行的 2017 年全国青少年科技创新大赛决赛，还在中国少科院小院士课题研究成果展示与答辩中荣获全国二等奖和预备小院士称号，如图 3－3－5 所示。

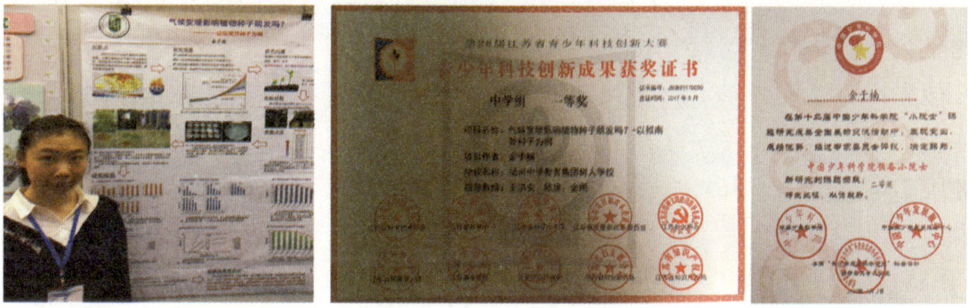

图 3-3-5

解密室

吴征镒星

吴征镒院士从小就喜欢他家的后花园，千姿百态的花草树木让他领略到大自然的神奇。在扬州中学读书时，他又遇到了教植物的好老师唐耀，后以优异成绩考入清华大学生物系，师从吴韫珍教授。他从懵懂孩童到耄耋老者，一辈子沉浸在他钟爱的植物学研究中，践行着“极命草木”的精神，是一位对中国乃至世界其他地方的植物有着广博知识的真正学者。

2011 年 12 月 10 日，国际小行星中心发布第 77508 号公报，将第 175718 号小行星永久命名为“吴征镒星”。以他的名字命名小行星，表达了人们对卓越科学家的尊重和爱戴。

演练场

小试牛刀

请你根据吴征镒院士“极命草木”的精神和“五之三境”方法，撰写一篇感悟千字文，让你的父母给其作出“合格、优秀、点赞”的评价。

第四节 机遇把握

小故事

比翼齐飞

杨立铭，江苏省溧水县人，从小勤奋好学、成绩优异，如图 3-4-1 所示。在他上高中的时候，日本侵略军占领了他的家乡，经过半年的颠沛流离，他逃难到了四川，国家和民族的屈辱坚定了他工业救国的决心。他在扬州中学抗战西迁时称之为国立二中完成了他的高中学业，并以优异的成绩于 1938 年被保送进中央大学的机械系深造。

进入大学后，他逐渐认识到，一个国家的国力是多种因素的综合，要建设好一个国家需要多种人才的共同努力。一个人在年轻时期，应该朝着最能发挥自己优势的方向努力。从自身的条件与爱好看，杨立铭倾向于学数理而不是工程。经过几年时间，大学毕业后他才下定决心要改变专业方向，采取渐进的方式，一边在机械系任助教，一边自学与旁听理科课程。

1945 年冬，他有机会到英国曼彻斯特一家大工厂实习，应用他的机械工程的基础为该厂解决了一个多年未获解决的刀具设计问题。对此，厂方自然要对杨立铭表示感谢，满足了他去大学学习的愿望。杨立铭于 1946 年 4 月来到爱丁堡大学，向自己景仰已久的当代物理学大师玻恩教授提出申请要当他的学生。玻恩教授审慎地端详了一下这个来自东方的愣小伙子，又看了看杨立铭的成绩单，便答应让其试试看。就这样杨立铭走进了理论物理的殿堂，开始了一生中全新的一页。

1948 年，他获英国爱丁堡大学理论物理博士学位，1951 年回国任清华大学物理系副教授，1952 年转入北京大学物理系后任教授、博士生导师，长期从事核理论研究工作及物理教育工作。他先后提出了原子粒幻数的统计解释和原子核低激发集体运动的微观理论，培养了许多核理论研究人才。

1982 年，他就任中国核物理学会理事长，从事原子核深层次的结构研究工作，提出了普遍的强子结构理论框架。1983 年根据国际同行建议，他在苏州主持一次关于原子核集体态的国际会议，1984 年任中国核数据委员会特约顾问，1985 年任原子能科学研究院串列加速器核物理国家实验室学术委员会主任。他的《原子核集体态研究》

获得国家教委科技进步一等奖，1987 年获国家自然科学三等奖。

可喜的是，1991 年，杨立铭与他的夫人夏培肃(图 3-4-2)同时当选为中国科学院数理学部委员(院士)，可谓工作科研中比翼齐飞的良友，在中国科学院一时传为佳话。只不过，杨立铭主要重视原子核理论研究，夏培肃主要重视计算机研究。她是中国计算机事业的奠基人之一，被誉为中国计算机之母。

图 3-4-1

图 3-4-2

点金石

机不可失

杨立铭院士人生的转折点就是 1946 年 4 月来到爱丁堡大学，主动提出申请，要当玻恩教授的学生。

玻恩教授是何许人也？他是鼎鼎有名的德国理论物理学家，是与爱因斯坦齐名的人。爱因斯坦创立了相对论，玻恩创立了量子论。他是量子力学的奠基人之一，因此而获诺贝尔物理学奖，如图 3-4-3 所示。

图 3-4-3

那杨立铭凭什么资格敢于申请而且能够如愿以偿地成为玻恩的学生呢？凭的是他为英国曼彻斯特一家大工厂解决了一个渴望多年而未获解决的刀具设计问题。如果没有这个前提，他当时只是个工厂的实习生，根本不可能进入名校爱丁堡大学的，这就是工程技术的力量。当然，单凭这个还不够，多亏杨立铭还有一份足够令玻恩满意的成绩单，因为它能反映杨立铭的核心素养，于是玻恩答应让其试试看。那只是试试看，机会还在后面呢，关键就看杨立铭能否把握得住。

杨立铭就这样走进了理论物理的殿堂，开始了他一生中全新的一页。尽管他已做过一些准备，工程基础与物理基础间的差距在他身上仍然是存在的，对此他有充分的信心与勇气去克服。这个过程是艰苦的，也是愉快的。

在爱丁堡大学，杨立铭以超人的毅力在很短的时间内通过自学打下了全面坚实的理论基础，并投入科研工作，于 1948 年 12 月获得理论物理博士学位并从事博士后研究。他在理论物理研究工作中崭露头角，发表了论文 6 篇。

他以运动方程为基本出发点，首次导出动量在坐标表象中最普遍的表达式，由此导出量子对易关系。H. S. 格林(Green)等人在此基础上发展出一种满足仲统计(Para Statistics)的广义量子化方法。该法以后被 O. W. 格林堡(Greenberg)用到强子的夸克模型中。

杨立铭在量子场论的研究中导出的狄拉克矩阵求迹的普遍公式，后来被 J. M. 约赫(Jauch)及 E. 罗力希(Rohrlich)作为一个定理收入到他们的专著中。

在玻恩的启发下，他根据托马斯・费米(Thomas Fermi)模型在合理的核内核子密度分布下，成功地解释了刚发现的原子核中的幻数，引起了国际上的重视。在流体统计理论的研究中，他把玻恩・格林(Born Green)液体理论推广到混合液体，并用统计描述对流体内单个分子进行追踪，导出了扩散系数。在爱丁堡大学期间，玻恩教授的言传身教使杨立铭受益匪浅。玻恩的博学和大师风范使他大开眼界，更增加了他探索自然奥秘和献身科学的决心。

信息窗

报效祖国

1950 年冬，周培源去英国访问时见到杨立铭，邀请他去清华大学工作。当时杨立铭已有较好的工作待遇，但他想到当时的祖国才解放不久，百废待兴，迫切需要专业人才，正是报效祖国的时候。于是，他 1951 年秋登上了回国的远洋客轮，开始了他生命中新的一页。

回国后，他集中研究原子核理论，特别是核多体理论及核集体运动。对 20 世纪 50 年代以来由实验及唯象分析揭示出来的原子核低激发区的主要自由度及动力学对称性进行详尽的微观研究，提出算符化的波戈留波夫变换，较严格地处理了粒子关联对的结构，从而为唯象理论提供了较好的理论基础，并由此对后者加以扩充。他编著的《原子核理论讲义》，由人民教育出版社出版，成为北京大学、清华大学等一流大学理论物理专业学生的教科书。

杨立铭院士虽然把绝大部分时间和精力都花在了教学上，但他从未丢下过科研工作。经过 40 多年的努力工作，他从物理系副教授、教授、物理学家、物理教育家到中国科学院院士、资深院士，一步一个脚印、脚踏实地地一路前行，在理论物理领域里绽放出灿烂的光彩。

解密室

机遇把握

杨立铭院士的成就，是在一次次的机遇把握中累积起来的。他上高中时日本侵略军占领了他的家乡，他逃难到四川，刚巧扬州中学也西迁为国立二中。好学生遇到了好学校，才会有机会保送进中央大学的机械系深造，才有机会到英国曼彻斯特一家大工厂实习，才有机会为该厂解决了一个多年未获解决的刀具设计问题，才有机会被国际顶级的物理教授玻恩收为学生，才有机会研究当时最前沿的原子核理论，才有机会被周培源教授召唤回国为祖国效力，才有机会结识爱人相互激励，才有机会比翼齐飞同时荣获院士称号。外因通过内因才起作用，你明白吗？

演练场

小试牛刀

请你从杨立铭院士对机遇一次次的成功把握中，撰写一篇感悟千字文，让你的父母给其作出“合格、优秀、点赞”的评价。

第五节 自主创新

小故事

求学之路

朱亚杰，化学工程学家，江苏兴化人。他是国家科技进步特等奖和一等奖的获得者、中国科学院院士，中国能源研究会理事长、中国氢能协会主席、中国煤炭转化协会理事长、联合国亚太发展中心（APDC）能源顾问、国际氢能协会（I-AHE）常委，如图 3-5-1 所示。

图 3-5-1

他于 1928 年就读于扬州中学，勤思好学，成绩优良。初中毕业前夕到镇江春游，那是他生平第一次看到火车。高兴之余见火车头冒出滚滚黑烟，既浪费燃料又污染环境。他想，要是能改变这种状况，那该多好啊！这也许是朱亚杰终身致力于燃料化工和能源研究的最初原因。

初中毕业时，他由于家庭经济困难，即将辍学。这时朱亚杰向父母兄长表示决心，许下诺言：若能读至大学毕业，家中祖产片瓦不要。长辈见他意坚志明，受其感动，遂同意他升学读高中。1934 年他以优异的成绩考入清华大学化学系，一方面积极参加抗日救亡运动，另一方面仍勤奋读书，希望实现科学救国的理想。

1937 年抗日战争全面爆发，他随校南迁长沙后赴昆明，就读于西南联合大学。1938 年朱亚杰毕业，获理学学士学位，后赴长沙度过了抗日战争期间几度辗转的岁月。他于 1942 年进入云南大学，重返教学岗位。

1946 年他考取教育部公费出国留学资格，1947 年夏赴英国留学，入曼彻斯特工学院攻读化学工程研究生。因 1949 年国民党驻英使馆撤销，第三年公费无着，他不得已放弃攻读博士学位的意愿，于 1949 年 7 月完成论文，获硕士学位。旋即受聘于英国西蒙卡夫化工厂设计公司，任副工程师。

1950 年 9 月该公司提出以高薪续聘朱亚杰，但朱亚杰向往祖国，谢绝聘约，于 1950 年 11 月回到祖国，先后任清华大学副教授、教授、北京石油学院筹委会委员、副院长、研究生部主任。

点金石

刚直不阿

在几十年的教育生涯中，朱亚杰刚直不阿的性格有口皆碑。他对青年人的成长有着强烈的责任感。他告诫青年人三条：第一，学习时一定要打好基础，如果没有扎实的基础理论就无法解决实际问题；第二，知识分子做人要坚持独立思考，不能盲目崇洋媚外；第三，要有强烈的爱国思想，国家兴亡，匹夫有责，而后才是考虑个人前途、个人利益。他以自己的言行，树立了一个知识分子不谋私利、仗义执言、以天下事为己任的崇高形象。

他认为中国石油化工发展实质是引进、消化、吸收和创新的过程。20 世纪 70 年代，辽阳化工厂从法国进口一套乙烯裂解炉，共 13 套装置，说明书上注明热效率为 83%。但经朱亚杰核算，结果只有 81%。法国人很惊奇地说："你们中国还有人会计算出这套炉子的热效率是 81%？"法国人不得不承认是为了商业的需要才提高 2%。70 年代初他为配合引进石油化工技术，对上海金山石油化工总厂引进三菱式梯台炉裂解轻柴油制乙烯的工艺进行核算，推导出炉管排列与倒梯台型炉壁间的辐射角系数诸值，解决了核算关键的难点。之后不久，他又应北京燕山石油化工总厂邀请对乙烷炉数学模型设计进行核算，发现国外某公司设计中乙烷气里含有 1%的乙烯杂质，未经校正，致使热平衡数值有误，证实了外国设计未必无误的诊断，从而鼓舞设计人员的信心。齐鲁石化总公司由日本引进年产 30 万吨尿素化肥全套设备，特约朱亚杰率领小组对改换原料气后的全流程进行逐项核算研究，使我方对外谈判处于主动有利地位。这些工作都在不同程度上促进了中国石油化工的发展，他正是这样以自己精湛的专业技术为祖国做贡献。

他一直强调科学研究必须理论联系实际。例如，约旦王国资源局曾委托西方国家进行油页岩试验研究，十几年来找不到合适的工业干馏炉型，于 1987 年转而委托中国方面研究。他领受任务并在石油大学北京研究生部组织开展了约旦油页岩的应用基础研究，取得成功。这表明中国油页岩基础研究为生产实践提供了正确的理论依据，为推动生产起到了显著作用，也为中国干馏技术可能向国外出口做出贡献。

信息窗

自主创新

朱亚杰院士一生都在坚持自主创新，这已经成了他的代表符号。20 世纪 50 年代初，由于我国勘探水平落后，找不到深埋在地下的油层，被一顶贫油国的帽子压得喘不过气来。1952 年，国内石油产量仅 44.55 万吨，人造石油就占了 25 万吨。他认为，在这种情况下，要发展石油，加快勘探开发是重要的，人造石油同样不可轻视。于是，他受命在北京石油学院领导创建了我国第一个人造石油专业，并担任人造石油教研室主任，培养了这方面的专业人才。我国人造石油得到了大发展，从 1952 年的 25 万吨年产量，发展到 50 年代末的 97 万吨。在找到并拿下大庆油田之前的十多年里，人造石油为国家建设做出了重大贡献。

50 年代中期，他开发了粉煤流化床干馏工艺，制取低温焦油，所得半焦送到锅炉燃烧发电，这是既得油又得电的煤炭综合利用的新思想。60 年代初，在响应党中央"各行各业大力支援农业"的号召下，他带领科研组搞空气氧化褐煤，生产腐殖酸。这是一种植物生长刺激素，在初步取得成功后，他又想如何缩短氧化时间提高效率，便果断地用加压氧化达到了目的。1969 年起他任华东石油学院教授，1978—1984 年任华东石油学院副院长，指导了油页岩裂解和组成结构以及太阳光水解制氢等研究。

1979 年起他兼任中国科学院山西煤炭化学研究所研究员，开展了固体化石燃料的超临界流体萃取的研究。80 年代初，他首次在国内创建了褐煤及油页岩超临界流体抽提制取人造石油的研究。这项技术很快被移植到轻工业和重油加工等领域，获得了广泛的应用。鉴于我国油页岩资源丰富，而石油、天然气的生产尚未能满足日益增长的需要，他认为有必要以油页岩作为替代能源而继续有关油页岩的研究工作。

他自 1981 年起在京组织人力开展油页岩热性质、油页岩热解生烃和半焦燃烧动力学的研究，获得了大量的成果和设计油页岩干馏炉所需要的工艺参数数据，1988 年获国家教委科技进步二等奖。90 年代初，朱亚杰院士积极创导并组织新能源，特别是氢能源的研究开发。在他的指导下，石油大学氢能源科研组开拓了硫化氢脱硫制氢的新工艺，“九五”期间完成了小型脱硫工艺装置试验。

解密室

名校之路

朱亚杰院士在扬州中学整整读了六年书，并以优异的成绩考入清华大学，后经两年抗日救亡运动的磨炼，公费出国赴英国留学，回国后在清华大学担任副教授、教授。他基本上都是以最优秀的成绩进入最优秀的学校，无论是中学、大学、留学，还是回国任教，都在名校中度过的，练就了他坚持自主创新的优秀品格，也影响了他的学生。

他对学生的成长有着强烈的责任感，他告诫学生三条：①学习时一定要打好基础，没有扎实的基础理论，就无法解决实际问题；②做人要坚持独立思考，不能盲目崇洋媚外；③要有强烈的爱国思想，国家兴亡，匹夫有责，而后才是考虑个人前途、个人利益。他以自己的言行，树立了不谋私利、仗义执言、以天下事为己任的崇高形象。

演练场

小试牛刀

请你领会朱亚杰院士的名校之路及其坚持自主创新的优秀品格，撰写一篇感悟千字文，让你的父母给其作出“合格、优秀、点赞”的评价。

第六节　遇难成祥

小故事

超级学霸

朱物华，无线电子学家、水声工程专家，江苏扬州人。1923年毕业于上海交通大学，1924年获美国麻省理工学院硕士学位，1926年获美国哈佛大学博士学位。他曾任上海交通大学校长，从事教育、培养人才工作长达68年，讲授过无线电原理、电视、信息论等21门课程。他十分重视基础理论和实验研究，对新技术也十分关注。编写了电信网络、无线电原理、电视学、电力传输、电力系统自动化、电气自动化、电力系统中的频率自动调整、信息论、水声工程原理和声全息技术等教材，如图3-6-1所示。

图3-6-1

他在1915年考进扬州第八中学（即后来的扬州中学），此校师资队伍整齐，教学水平在当地堪称一流。一心向学的朱物华，学业成绩始终名列前茅，以优异的成绩被上海交通大学电机系录取，又以第一名的最佳成绩获得了清华“美庚款”赴美留学的名额，进入了美国麻省理工学院电机系，选择当时尚未解决的难题“水银整流器的耗电计算”为他的研究课题，后又考入哈佛大学，解决了滤波器的瞬流计算问题。他是一位货真价实的“超级学霸”。

但是，个人的已得荣誉、国外的优越条件，丝毫没有淡薄朱物华对祖国的思念和热爱。他谢绝友人的留美劝阻，决定回国。回国前，他进行了一年的考察访问。先后到英国、比利时、法国、瑞士、意大利、奥地利、德国、匈牙利、捷克等9个国家，参观了一系列先进的实验室和工厂。其间还曾到德国柏林大学听课，到英国剑桥大学著名物理学家卢瑟福的实验室对离子、中子和离子辐射作了短期研究。1927年8月，朱物华取道马赛回国。他先受聘于中山大学任物理学教授，1930年转到唐山交通大学任电工与物理学教授。

朱物华从年轻时代起就具有强烈的爱国热情和正义感。1931 年，南京国民政府教育部长朱家骅邀请他任中央大学工学院院长，他不满当时统治阶级腐败无能，辞而不就。1933 年，一批汉奸在河北冀东地区搞所谓自治运动，建立伪政权，朱物华愤而离开唐山，就任北京大学物理系教授。1937 年 7 月 7 日，日本军国主义者燃起侵华战火，北京大学被迫南迁至昆明，他在西南联合大学任教授。抗日胜利后，他应聘到上海交通大学执教。1955 年成为中国科学院的首批学部委员。

点金石

献身教育

“春深老树雯芳菲，一代宗师世所稀，教泽流长遍中外，无言桃李自成蹊。”这是朱物华的学生，在北京等地工作的 25 位专家、教授，于 1992 年联名庆贺他们的恩师朱物华教授执教 65 周年纪念会的颂诗。

朱物华认为大多数高新技术，起源于超前研究的开始，创新思想的萌发都来源于基础科学的重大成就。他说：“从事基础和应用基础研究，没有扎实的基础理论是不行的。”他讲授的天线课不仅介绍各种天线的结构与应用及其参数的计算方法，还重点介绍电磁能量辐射理论的基本方程，天线回波技术的理论。中国的“信息论”研究工作基本上是从 1965 年制定 12 年科学远景规划以后才开展的，朱物华在他开设的“信息论”课中，重视讲授信息论的基本理论，包括信息源与干扰的统计特性、理想信道的极限传输能力及最佳接收的极限抗干扰能力，指出改进现有通信系统及设计新的通信系统的主要方向，强调要根据信息论的观点及统计决策观点研究最佳接收。

朱物华在教学中十分重视理论与实验的有机结合。早在 20 世纪 30 年代前期，他就强调实验课在传授理论知识中的重要地位与作用，认为这是使学生巩固所学知识和接受科学研究方法的重要环节。1934 年，他在北京大学讲授“应用电学”和“无线电原理”期间，每周的实验课总是亲自安排，让学生通过实验学习相应的测量技术、操作技巧和演算方法，使他们从验证实验结果数据与理论计算的符合程度中思考问题，加深对有关原理的理解。对于偏重工程技术的学科，朱物华更是把建设适应教学与科研需要的实验室当作大事去抓。

68 年来，朱物华以严谨的治学精神、生动而深刻的课堂教育、颇具特色的教材、理论联系实际的科学作风，精心培养了一代又一代的科学技术人才。他的许多学生，如杨振宁、朱光亚、邓稼先、马大猷、严恺、刘恢先、张维等都是国内外知名的专家、学者和栋梁之才。

信息窗

首批院士

1955 年，随着“中国科学院学部”的成立，中国科学院产生了第一批学部委员，共 191 人，朱物华就是在 1955 年成为我国首批院士的。

1978 年，朱物华担任上海交通大学校长，在校党委的领导下，在全校范围内开展了以管理体制改革为中心内容的全面改革，激发了广大教职员工的奋发进取精神，促进了教学质量和科研水平的提高，揭开了上海交大发展史上的崭新一页。朱物华任教期间，曾受聘担任国务院科学规划委员会委员，国家科学技术委员会电子专业组委员、声学专业组委员等职，并被选为第三届全国人民代表大会代表，第二届、第三届、第五届、第六届全国政协委员，九三学社中央委员会委员，中国电子学会副理事长，上海电子学会理事长，中国声学学会理事。他退居二线前后，中国科学院、国家教委、中国物理学会、中国电机工程学会、中国电子学会、中国声学学会为了表彰他在教学和科学上的卓越贡献，曾分别授予他荣誉奖状和奖章或荣誉证书。

他先后编著出版了《动力系统自动化》《动力系统中频率的自动调整》《电力网习题集》《电力系统中的高频技术》《输配电工程》《电力系统中频率及有功功率自动调整及经济分配》《无线电技术基础》《微波技术》等教材，成为有史可鉴的中国电子学科高等教育的奠基者。

解密室

遇难成祥

朱物华是我国设立院士制度以来的首批中国科学院院士，他是从扬州中学走出去被上海交通大学录取的一位超级学霸，他是以第一名的成绩获得了清华“美庚款”赴美留学资格，进入美国著名大学麻省理工学院深造的。他因解决该学院当时尚未解决的难题“水银整流器的耗电计算”而获得麻省理工学院的硕士学位。后被美国哈佛大学看中，因解决“滤波器的瞬流计算问题”而获得哈佛大学的博士学位。可谓是逢凶化吉、遇难成祥。出于他的报国之情，学成之后毅然回国，献身于祖国的教育事业，无愧于国家教委对他的高度评价“严谨治学，辛勤育人，不愧为一代师范”。

演练场

小试牛刀

请你体会首批院士之一朱物华遇难成祥的经历，撰写一篇感悟千字文，让你的父母给其作出“合格、优秀、点赞”的评价。

第七节　五面突破

小故事

计算机王

张效祥，浙江海宁人，中学时代在扬州中学度过。他勤奋好学，以优异成绩考入武汉大学电机系，成为中国计算机事业的拓荒人，中国科学院院士，如图 3-7-1 所示。

图 3-7-1

20 世纪 70 年代，他率先领导开展多处理器并行计算机系统国家项目的探索与研制工作，完成中国第一台亿次巨型并行计算机系统。他曾任中国人民解放军总参谋部有关研究所所长兼总工、研究员，中国计算机学会第四、第五、第六届理事长，中国计算机学会名誉理事长。他曾先后荣获国家科技进步奖特等奖、总参谋部科技进步奖一等奖，荣立军队一等功。他被国家科委授予“为国家 863 高技术计划的实施作出特殊贡献的专家”。他是中国第一台仿苏电子计算机制造的主持人，中国自行设计的电子管、晶体管和大规模集成电路各代大型计算机研制的组织者和直接参与者，在中国计算机事业的开拓和发展中起了重要作用，是位货真价实的“计算机王”。

点金石

三个希望

张效祥院士在回顾了中国计算机事业 50 年来的历史后指出：全国软件企业已经超过 1 万家，50 年来中国计算机事业的成就是巨大的。当然也有不少值得大家关注并尽快努力加以改善的地方。在计算机领域，自主研发含量不高，研究开发低水平，重复比较普遍，成果转化阻力比较大，自主创新能力不高，计算机核心关键技术和配件掌握在别人手里，产品附加价值低下，软件企业数量不少，但规模化不足，国内主流软件和 CPU 市场基本为别人占领，本国企业成长比较艰难，数据鸿沟也有扩大之势。我国计算机事业出现的问题是世界计算机科学技术迅猛发展和经济全球化情况下产生的反映，应该把它转化为配置事业发展的强大动力。

为此，他对我国的计算机事业提出下列三点希望：

第一，希望计算机业界成为自主创新的典范。国家创新体系提出，技术创新以企业为主，产学研相结合，大联合才能办大事，愿计算机业界成为既是自主创新的典范，又是大联合的典范。

第二，希望我国计算机事业成为中国信息化事业的强大支柱。国家信息化战略发展文件指出，信息化是推动经济社会变革的重要力量，是覆盖我国现代化建设前进的战略举措，信息化内涵丰富，技术性强，耗资巨大，过程很长，必须建立在自主产业的基础之上，而国家大规模信息化必开拓巨大的市场，所以两者相辅相成的。

第三，希望大家关注纳电子技术的发展。60 年计算机史展示，计算机发展和电子元器件相关，从电子管，晶体管到集成电路，计算机因为微电子技术的发展才有今天的辉煌。但微电子已经进入发展的后期，纳电子产生的一系列特性，有可能使计算机性能成千上万倍的提高，体积成千上万倍的降低。微电子企业要过渡到纳电子已经是显见端倪，我们不要步微电子的后尘，要及早联合国防力量，明确目标，强化投入以占先机。

信息窗

人物访谈

在纪念中国计算机事业50周年前夕，记者采访了中国科学院资深院士张效祥。这位中国计算机事业的拓荒人，在20世纪50年代领导并主持开发了我国第一台大型通用电子计算机，在此后的35年中，又先后组织领导并亲自参加了我国自行设计的从电子管、晶体管到大规模集成电路各代大型计算机的研制。他见证了我国计算机事业50年的发展历程。

在记者的面前，张效祥是德高望重的科学家，更是一位慈祥的老人。88岁高龄的他精神矍铄，不仅坚持每天看书，还经常出现在自主研发的国产计算机科研项目的鉴定会和推广活动中，依然关心着青年计算机学者。

以下是记者对张效祥院士的一段采访记录。

记者：中国计算机事业已经走过了50个年头，作为我国计算机事业的创始人，回顾这半个世纪的历程，您印象最深刻的是什么时候？

张效祥：是呀，一晃50年过去了，当时的我还不到40岁，现在的我都已经88岁了。回想起来，给我印象最深的就是我国计算机事业最艰苦的初创时期，那时中国还没有计算机，而且计算机人才也非常少。中国计算机从无到有的最初10年，直到现在都是我经常怀念的记忆珍藏。

记者：那么当时有哪些经验是50年后的今天还值得借鉴的呢？

张效祥：最突出的感受就是大家能够互相协作。国家提出要发展计算机，符合社会发展的需求，当时虽然大家都认为计算机重要，但是单靠一家是不可能把计算机做出来的，不管是企业、科研单位还是部队都不可能成功。在协作精神下，工业部门、中国科学院和部队三方面紧密结合起来。在中国没有计算机的情况下，就需要集中力量干大事。现在中国计算机行业要摆脱核心技术含量低的状况，同样需要大家协作的精神，因此协作精神是50年来最可贵的经验，它不但没有过时，到现在还应该继续发扬。创新精神也是非常重要的。那时虽然没有像现在提得这么明确，但我们其实已经将这种精神融入了实践当中。在前苏联专家的帮助下，中国第一台数字电子计算机103机和中国第一台大型数字电子计算机104机相继诞生，它们都是仿制前苏联的计算机，但是我们并不满足于仿制，而是本着实验和学习的目的把它作为一种桥梁。在仿制104的同时，中国科学院和其他科研单位就开始自主研制计算机，并先后独立研制成功一些自行设计的、全部国产化的型号。我们自己一样可以搞出自己的计算机，但我们也不会放弃向别人学习。

图 3－7－2 是他与记者的合影留念。

图 3－7－2

解密室

五面突破

张效祥院士是中国计算机事业的拓荒人，对中国计算机事业怀有深厚的感情，在他 88 岁高龄时，还针对我国计算机领域的“自主研发含量不高，研究开发低水平重复比较普遍，成果转化阻力比较大，自主创新能力不高，计算机核心关键技术和配件掌握在别人手里，产品附加价值低下，软件企业数量不少，但规模化不足，国内主流软件和 CPU 市场基本为别人占领，本国企业成长比较艰难，数据鸿沟也有扩大之势”等情况，心急如焚。并对我国的计算机事业提出三点殷切希望，从政府、产业、学校、科研、用户这五个方面求突破。共同倡导这个事业，缺一不可。这五面突破如果可以结合得更好，中国计算机产业也肯定能做得更为出色。但现在这五个环节结合得不是很紧密，他将希望寄于前来看望他的计算机事业的优秀团队，如图 3－7－3 所示。

图 3－7－3

演练场

小试牛刀

请你从记者对张效祥院士人物访谈中挖掘主题，撰写一篇感悟千字文，让你的父母给其作出“合格、优秀、点赞”的评价。

第八节 从不放弃

小故事

学成回国

图 3-8-1

童志鹏，浙江慈溪人，1941 年夏转学扬州中学并在那里完成了高中学业。1946 年他毕业于上海交通大学，同年赴美求学，后获美国威斯康星大学博士学位。他是电子信息工程专家、中国工程院院士，如图 3-8-1 所示。

他主持多项通信平台、接力机和机载雷达的研制以及新一代卫星无线电测控系统、数据交换网等研究工作，均处于国内领先地位，是国防科工委科技进步奖一等奖、国防科技奖一等奖获得者。他是我国军事电子高新技术开拓者、奠基者与带头人之一。

1950 年，童志鹏从美国回国，一同回来的同学们相继进入大学或研究机构搞研究，而他却对工业情有独钟，主动申请到工业部门工作。

当时新中国才刚刚成立，电子工业相当落后，还没有自己的电子工业部门，他积极参加了正在筹建的电信工业局。他说：“当时朝鲜战争已经爆发，我们接受的一项最重要的任务是为抗美援朝前线提供电台。”在从国民党手里接收的破旧工厂里，他设计出军用电台的第一台样机，半年后开始迅速装备前线部队。“现在即使是在博物馆也很难见到这种电台了，但在战争中却是发挥了重要的作用。”童先生描述说，“这种一对一的对讲电台覆盖范围将近十几公里，前沿阵地的敌情能够快速传达到指挥所，指挥员的作战命令也能够及时下达到部队。与美军的同类装备相比，我军的电台更轻巧、省电。”

战争结束后，他离开北京到四机部成都第十研究所担任副总工程师，很快研究所归属部队，他第一次穿上了军装，中央军委授予他中校军衔。回忆当年，他满心眷恋地说：“那是我最愉快的一段人生时光。部队非常重视科技人员，创造了一个安静的科研环境。在三年自然灾害最困难的时期，部队每个月自己舍不得吃，却多给我们 2 斤食用油，改善科技人员的生活条件。这是很不容易的。”除了良好的科研环境和生活上的关心，他更感到心情格外舒畅：“科研人员的建议有人听，科研上有什么需求，上级领导保证满足。聂荣臻元帅两次视察研究所，每次都亲自听取汇报，仔细询问科研上有什么难处，需要购置什么仪器设备。”从 1957 年直到 1964 年，他主持完成了新一代军用电台、航空专用电台、航空雷达、地面微波接力通信设备等众多电子设备与系统的设计、生产，为“两弹一星”配套生产了相关的电子设备。

点金石

报国之志

中华人民共和国成立之初，童志鹏选择归国报效，在电子科技领域中填补一项项空白。让国家更强大，是他毕生的愿望，也是最深的情怀。他就是为国防现代化做出贡献的满怀精忠报国之人。

他主持研制大型通信系统时，有一次准备在通讯干线上使用地面微波脉冲接力机，系统整机联试时总是听到莫名其妙的“喀喀”声。声音从何而来，为什么会有这种怪声，童志鹏百思不得其解。整个系统已经排查检测了许多遍，仍然找不到原因。由于查一遍很费时间，童志鹏简直觉得自己焦头烂额了。渐渐地，童志鹏发现“喀喀”声总是在联机测试开始一段时间后才出现，刚开机时并没有声音，他开始考虑是否半导体器件出了问题。当时没有计算机辅助设计，通讯接力机的半导体电子线路全部是技术人员手工设计，人工调试。又经过数周的测试，童志鹏终于发现果然是终端设备的半导体器件出了问题，在线路设计时没有重视半导体器件的稳定性，器件遇热后性能不稳定，出现了“喀喀”声。有了这次教训，他明白了一个道理：没有器件的可靠性，就没有整机工业。再遇到挫折时，也始终牢记着“现象复杂，原因简单”的准则，从不放弃困难。

他在整顿由于“文革”干扰造成的粗糙制造的导弹测控系统质量时，这一经验也得到了应用，经过深入细致的质量整顿，这个系统终于提高了质量，保证了导弹试验任务的顺利进行。长期的科技工程实践，特别是“冷战”结束后，国际形势与信息技术的新发展下，他和战友们在 1994 年创造性地提出了“综合电子信息系统”新概念，比美国提出类似概念要早两年，该研究得到有关部门的重视，作为“九五”期间新上的国家级重点工程全面开展研制工作。半个世纪漫漫征程，从小电台到大系统，童志鹏走过了一段风风雨雨弯弯曲曲的道路。到今天，他已古稀之年却依然勤奋学习工作，为 21 世纪的综合电子信息系统的新发展呕心沥血、鞠躬尽瘁。

信息窗

中学时光

最值得童志鹏院士回忆的还是他在中学时的那段时光,他说:"我当时才十五六岁,正是血气方刚、求知心切的年龄。在老师们的指引下,我如饥如渴地醉心于数学的求解难题、沉醉于语文的古文辞章、涉猎于英语的外文报刊,颇得老师表扬,立志深入文化殿堂,自觉自愿地在自学上花工夫,这一习惯对我终身是有益的。当时'孤岛'不孤,社会上各种力量如国民党、三青团等都在活动,共产党也通过地下学生组织和他们展开有理有节的斗争。在这个大潮下,我也参加了进步学生运动,学习进步书刊,如《西行漫记》《大众哲学》、鲁迅、巴金、茅盾等著作,苏俄名家如普希金、托尔斯泰、高尔基等名著,大大打开了我的心扉,拓宽了我的视野,让我感受到未来的曙光,走上了一条正确的道路。我度过了短暂而丰富的两年,这是迈上今后半个多世纪的生命历程的坚实的第一步。我特别怀念当年相互切磋的同学少年,而今都是耄耋老人了。经历了风雨如磐的艰难岁月,我要用臧克家老人的一句话'桑榆谁云黄昏过,老树东风红花多!'祝愿他们健康长寿!"

解密室

从不放弃

童志鹏院士是我国军事电子高新技术的开拓者和奠基者。让国家更强大,是他毕生的愿望,也是最深的情怀,他要做一个为国防现代化贡献的精忠报国之人。所以在一同回国的同学们相继进入大学或研究机构的情况下,他坚持自己的选择,主动申请到工业部门工作,并对此不悔。他反复说,能服务国家是自己的幸运。

他特别怀念当年相互切磋的同学少年,怀念在中学那段美好时光,并寄希望于当今的中学生:你们要珍惜无价青春,扎实打好基础,德智全面发展,千里之行始于脚下。他明白了一个道理:没有器件的可靠性,就没有整机工业。遇到挫折时,也始终牢记着

“现象复杂，原因简单”的准则，从不放弃困难。所以在他 92 岁高龄之时，成为首届 CICC 终身成就奖获得者，以奖励他为中国指挥与控制事业所作的突出贡献，也因此而成为获此殊荣的中国第一人。

演练场

小试牛刀

请你学习童志鹏院士的报国之志和老骥伏枥的故事，撰写一篇感悟千字文，让你的父母给其作出“合格、优秀、点赞”的评价。

瞭望角

本章梳理

通过本章的解读，你对从扬州中学走出去的这 8 位院士的成就及其思想方法，是否已经心有所得？

其实，他们只是 49 个扬州中学院士或 74 个扬州籍院士的缩影，在他们的身上，都凝聚着下列共同特征：

1. 有爱国之情和保国之志：他们中的大部分都出过国、留过洋，但是当国家最需要的时候，他们都能当机立断，放弃国外那优厚的生活和工作条件，义无反顾地回国，在各自的岗位上书写了各自辉煌的人生。

2. 勤奋好学并抓住机遇：他们都是在中学时期就养成了勤奋刻苦的好习惯，才会成绩特别出彩，才能有机会考上国内一流大学，有机会漂洋过海进入世界一流的大学深造，有机会遇到一流的导师，促其科学、健康地成长。

3. 富有特色且个性鲜明：①黄纬禄：成为我国著名的火箭与导弹控制技术专家和航天事业的奠基人、“两弹一星”元勋，成为我国“航天四老”之一，其主要方法是“四个共同”。②吴良镛：成为著名建筑学与城市规划专家，世界人居学会主席，他是集中国科学院与工程院这两院最高荣誉于一身的双料院士，还是国家最高科学技术奖获得者，其主要方法是“发酵顿悟”。③吴征镒：是世界上最杰出的植物学家之一，他践行“极命草木”精神，成为一位对中国乃至世界其他地方的植物有着广博知识的真正学者，他也是国家最高科学技术奖获得者，其主要方法是“五之三境”。④杨立铭：与其夫人夏培肃同时当选为中国科学院院士，是我国原子核理论的第一人，其主要方法是“把握机遇”。⑤朱亚杰：是化学工程学家，其求学之路基本上都是以最优秀的成绩进入最优秀的学校，无论是中学、大学、留学，还是回国任教，都在名校中度过，其主要方法是“自主创新”。⑥朱物华：是无线电子学家、水声工程专家，是我国设立院士制度以来的首批院士，是一位超级学霸，是美国著名大学麻省理工学院的硕士，哈佛大学的博士，培养了许多栋梁之才和有识之士，其主要方法是“遇难成祥”。⑦张效祥：是中国计算机事业的拓荒人，其主要方法是“五面突破”。⑧童志鹏：是我国军事电子高新技术的开拓者和奠基者，其主要方法是“从不放弃”。

收获篇

再试牛刀

通过本章的学习与总结，你对院士成就之谜是如何解读的？请撰写一篇“我的院士梦想”千字文，让你的父母给其作出“合格、优秀、点赞”的评价。

第四章 创新成法的秘密

前三章我们已经给你讲述了 7 位学霸、7 位智者、8 位院士的思维方法锤炼故事，本章将介绍 7 位小院士的科技创新故事，让你品味其中的科学方法。

树人学校自 2009 年创办少年科学院至今，已有 78 人荣获中国少年科学院的小院士。该校于 2016 年在校园内第二次设立小院士墙，激励学生自觉、自信地走创新成才之路，如图 4-1-1 所示。本章推出的 7 位小院士都源于其中。

图 4-1-1

第一节 逆向模拟

小故事

幻日现象

匡艺玮，树人少科院的第一任学生副院长，如图 4－1－2 所示。A 图为其向嘉宾推介少科院活动现场，B 图、C 图为其在主持树人少科院第一次代表大会。

A　B　C

图 4－1－2

她是中国少年科学院小院士，江苏省金钥匙科技竞赛一等奖和扬州市青少年科技创新大赛一等奖的获得者，如图 4－1－3 所示。

图 4－1－3

她从《新华网》上了解到，在 2011 年 1 月 8 日，长春天空出现了三个太阳，如图

4-1-4 所示。许多市民都目睹了这一罕见的自然奇观。极其类似的幻日现象，也曾在黑龙江的哈尔滨、大庆等地多次出现。随着“2012”“世界末日”的传闻愈演愈烈，幻日现象也引起诸多猜测，各种灾难将袭的言论也随之而起。她通过查阅资料了解到：“幻日”只是一种光学现象。当太阳光从像六棱镜一样冰晶体射入时，产生反射和折射，就有可能产生幻日现象。她想利用身边的一些材料来模拟幻日现象，用直观的实验现象证明“幻日”只是一种光学现象，而不是灾难的预兆。

图 4-1-4

展示台

模拟实验

她从逆向思维的角度出发，反其道而行之，进行模拟实验。让小太阳（小球）射出的光经大六角形晶柱的折射和反射，也能达到同样的效果。

1. 设计思路

用无色玻璃和玻璃胶制成一个横截面为正六边形、内部几乎装满水的玻璃容器，将其视为一个正六角形冰柱。再用细线系一红色小球视为太阳，让其悬在玻璃容器的水中，如图 4-1-5 所示。

图 4-1-5

2. 制作方法

（1）材料：透明玻璃、玻璃刀、玻璃胶、小球、水等。

（2）方法：用玻璃刀切割 6 块长方形玻璃（12 cm×28 cm）；1 块边长为 12 cm 的正六边形的镜面玻璃。用玻璃胶将其中的 6 块长方形透明玻璃（作为侧面）和 1 块正六边形的镜面玻璃（作为底面），并固定成六棱柱体容器，要确保其不能漏水。

3. 模拟实验

（1）将其放置在水平桌面上，使自己能从各个角度观察现象。

（2）将六棱柱体玻璃具内装满水。

（3）把小球用细线系住，放入水中，移动小球在模型中上下、左右的位置，观察现象。

（4）从各个角度能看见 2～11 个不等的小球，如图 4－1－6 所示。

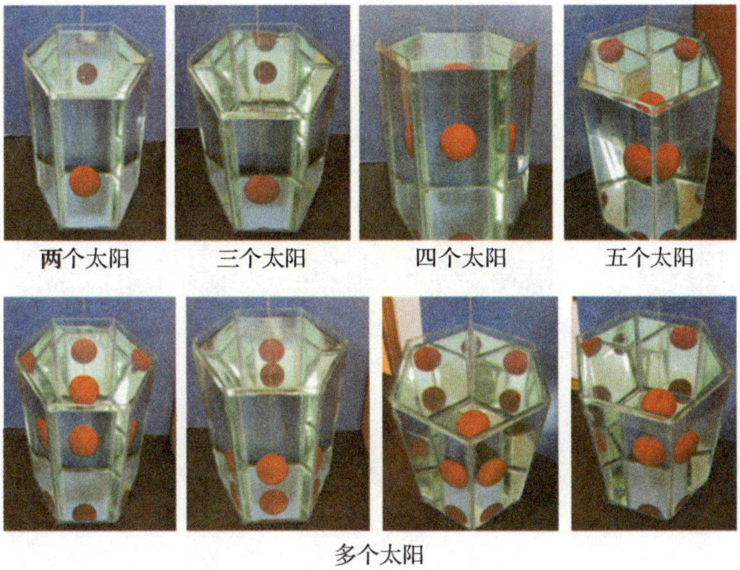

图 4－1－6

4. 归纳分析

通过模拟幻日现象，她明白了“幻日”只是一种光学现象。当太阳光从像六棱镜一样冰晶体射入时，产生反射和折射，就有可能产生幻日现象。直观的实验现象证明了“幻日”只是一种光学现象，而不是灾难的预兆。

（1）多个幻日的出现必须要有六棱柱小冰晶，并有一定的角度，所以幻日不会经常发生。

（2）通过查询发生幻日现象的地区的纬度和经度，她发现多发幻日的地区都是高纬度地区。因为纬度差异，那里较寒冷，空气中有更多的六棱柱小冰晶，从而使得发生幻日现象的几率更大些。

（3）通过一系列的实验，她观察到出现 3 个幻日的次数最多，所以在历次幻日现象中，也都以出现三个幻日为多。6 个及以上幻日出现几率越来越小。

（4）联想到古时候后羿射日，射下了 9 个太阳，也就是说，当时一共出现了 10 个太阳。虽然这是古代的神话故事，蕴含着我国古代劳动人民的丰富想象，但从今天的实验看，10 个幻日虽然几率极小，但也是有可能出现，也是有理论依据的。同样，后羿射下太阳时，也可能正是幻日逐渐消失的时候。

信息窗

成像光路

取水中小球上的一个发光点 S 作光路图进行分析，如图 4－1－7 所示。

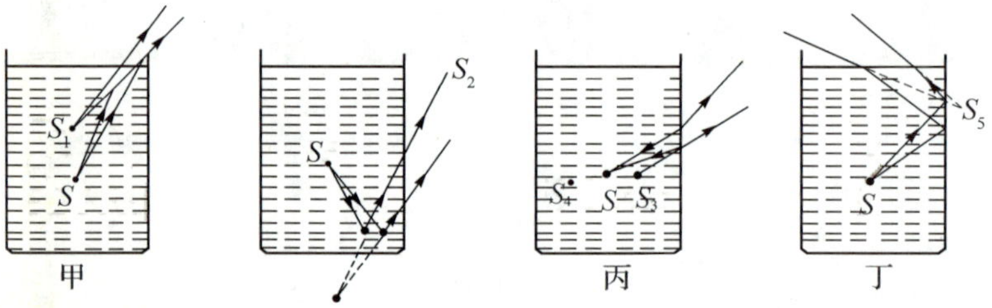

图 4－1－7

(1) S 点发出的光线在水中传播，经水面折射到空气中，再传播到人眼，成虚像于 S_1 处，如图甲所示。

(2) S 点发出的光线在水中传播，经容器底面反射，改变方向仍在水中传播，后经侧面折射到空气中，再传播到人眼，成虚像于 S_2 处，如图乙所示。

(3) S 点发出的光线在水中传播，分别经两个侧面折射到空气中，再传播到人眼，分别成虚像于 S_3 和 S_4 处，(S_4 的成像作图略)如图丙所示。

(4) S 点发出光线在水中传播，先经侧面反射，改变方向仍在水中传播，后经水面折射到空气中，再传播到人眼，成虚像于 S_5 处，如图丁所示。

(5) S 点发出光线在水中传播，经过容器侧面 A 折射到空气中，再进入人眼，在观察范围①内看到虚像 S_6，如图 4－1－8 所示；经过容器侧面 B 折射到空气中，再进入人眼，在观察范围②内看到虚像 S_7；经过容器侧面 C 折射到空气中，再进入人眼，在观察范围③内看到虚像 S_8；经过容器侧面 D 反射，改变方向仍在水中传播，后折射到空气中，再进入人眼，在观察范围④内看到虚像 S_9；经过容器侧面 E 反射，改变方向仍在水中传播，后折射到空气中，再进入人眼，在观察范围⑤内看到虚像 S_{10}；经过容器侧面 F 反射，改变方向仍在

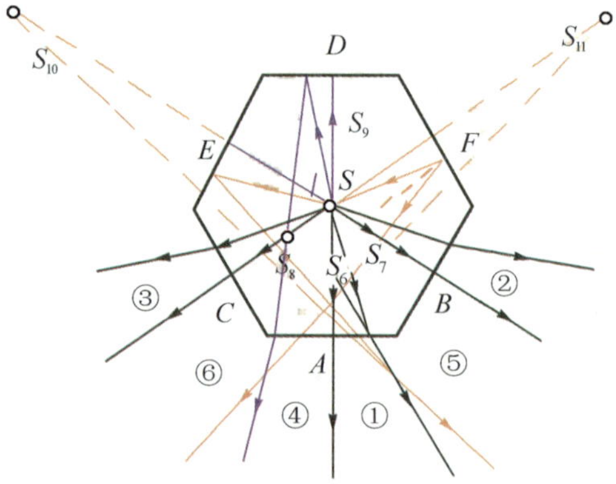

图 4－1－8

水中传播，后折射到空气中，再进入人眼，在观察范围⑥内看到虚像 S_{11}。

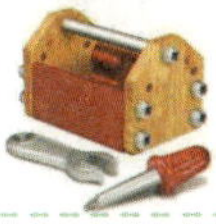

解密室

逆向模拟

一个光学现象——幻日，却引来了人们对灾难、对“世界末日”的恐惧，表现了人们对这方面知识的匮乏。匡艺玮同学从逆向思维的角度出发，反其道而行之。利用光的反射和折射规律，采用模拟实验的方法，演示“幻日”的形成。她用小球来模拟太阳，用盛水的六棱柱玻璃容器来模拟空气中呈六棱柱形状的小冰晶。虽然“幻日”的成因主要是大的太阳射出的光经小的六角形晶柱折射和反射，但是实验不能如实再现。她让小的红色球模拟大的太阳，射出的光经大的六柱柱晶体折射和反射，通过这样的逆向模拟，也能达到同样的效果。她还通过画成像光路对逆向模拟而成的像进行剖析，比较形象直观。

演练场

小试牛刀

请你根据匡艺玮的逆向模拟方法，选择一个例子，撰写一篇学习体会的千字文，让你的父母给其作出“合格、优秀、点赞”的评价。

第二节　情中生智

小故事

爱心隐士

2015 年 11 月 24 日，扬州中学收到一封特殊的感谢信，信上写道："恳请贵校帮助寻找'雷锋式'女生，她把 5 000 元奖学金捐给了患淋巴肿瘤女童却不留名。"该信一经公布，就在学校里"炸开了锅"，但是这位"隐士"却一直没出现。两天后，扬州当地报刊对这件事进行了报道。见报当天，王雪莹高一时的班主任联系学校提供线索，听说王雪莹在初中时经常捐款做公益。现任的班主任直接打电话给王雪莹的母亲，这才确认这位"隐士"就是王雪莹，如图 4-2-1 所示。

图 4-2-1

王雪莹，树人少科院牛顿分院副院长，中国少年科学院小院士。全国最美中学生标兵、感动江苏教育人物、江苏省美德少年、扬州市十大好人。她是中国少年科学院小院士课题研究成果一等奖、全国中学生英语能力竞赛一等奖、外研通杯全国新概念英语大赛三等奖、江苏省青少年机器人竞赛 WER 项目一等奖、江苏省中学生生物学科奥林匹克竞赛三等奖等荣誉的获得者，如图 4-2-2 所示。

图 4-2-2

展示台

情系扬州

王雪莹不仅是个品学兼优的学生，她还十分关心扬州的发展和建设，她的“关于扬州旅游业发展的调查报告”参加了 2012 年中国少年科学院小院士课题研究成果的现场展示与答辩。她对评委老师这样深情地说：“‘二十四桥明月夜，玉人何处教吹箫。’吹箫的玉人，二十四桥桥洞里的月夜，不失澄静与悠扬（如图 4－2－3 所示）。当城市的霓虹灯打破了月夜的幽深，是时候考虑扬州旅游业的何去何从。千年文化孕育了扬州，孕育了一条湖、一轮月，孕育了热情的扬州人，我们有义务让这里变得更美好。”评委老师被她这番精彩的开场白折服了。

图 4－2－3

她用调查得来的一张张图表，展现了从 2006 年至 2011 年来扬州旅游的发展，可以非常直观地看出每年均以较平稳的趋势增长，如图 4－2－4 所示。

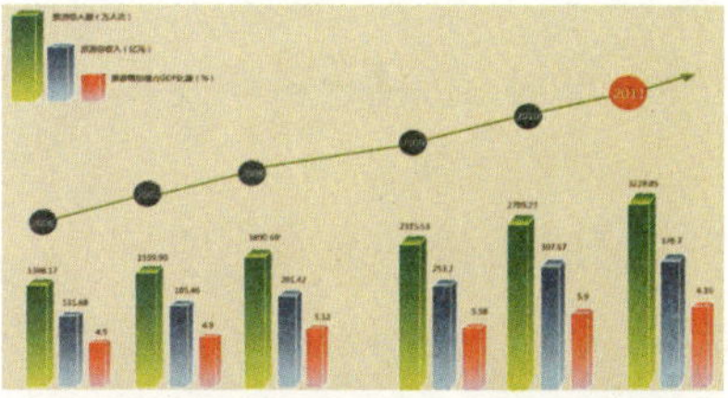

国家等级旅游景区 5A级	国家等级旅游景区 4A级	国家等级旅游景区 3A级
蜀冈一瘦西湖风景区	大明寺	汉陵苑（汉广陵王墓博物馆）
	个园	史可法纪念馆
	何园	凤凰岛生态旅游区
	扬州双博馆	吴道台宅第
	京华城休闲旅游区	宝应纵棹园
	茱萸湾风景区	仪征博物馆
		高邮镇国寺
		高邮文游台

星级饭店构成

星级	2005年 饭店（座）	2005年 客房（间）	2006年 饭店（座）	2006年 客房（间）	2007年 饭店（座）	2007年 客房（间）	2008年 饭店（座）	2008年 客房（间）	2009年 饭店（座）	2009年 客房（间）	2010年 饭店（座）	2010年 客房（间）	2011年 饭店（座）	2011年 客房（间）
五星									1	204	1	204	3	580
四星	5	1177	6	1327	7	1469	8	1796	8	1796	12	2178	12	2178
三星	12	1267	17	1572	21	1822	29	2590	31	2708	34	2987	39	3299
二星	24	1756	26	1861	26	1840	17	1205	15	1080	11	783	9	632
合计	41	4200	49	4760	54	5131	54	5591	55	5788	58	6152	63	6689

旅游目的

■2011年，来我市的国内旅游者中，观光游览占36.33%，休闲度假占37.37%，探亲访友占12.65%，商务活动占6.23%，会议占1.83%，健康疗养占1.04%，宗教朝拜占0.46%，文体科技交流占0.76%，公务占0.86%，购物占0.24%，其他占2.23%。

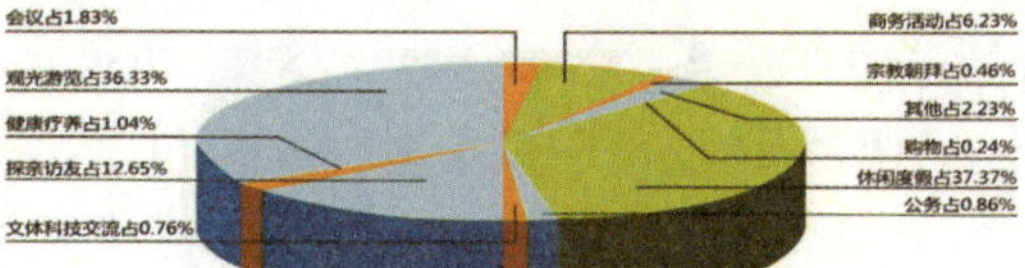

花费构成

■2011年，来我市的国内旅游者人均花费为1199元，比2010年增长12.16%。其中，长途交通占20.01%，住宿占15.26%，餐饮占18.43%，景区游览占10.34%，购物占19.93%，娱乐占10.84%，邮电通讯占1.00%，市内交通占1.50%，其他占2.69%。

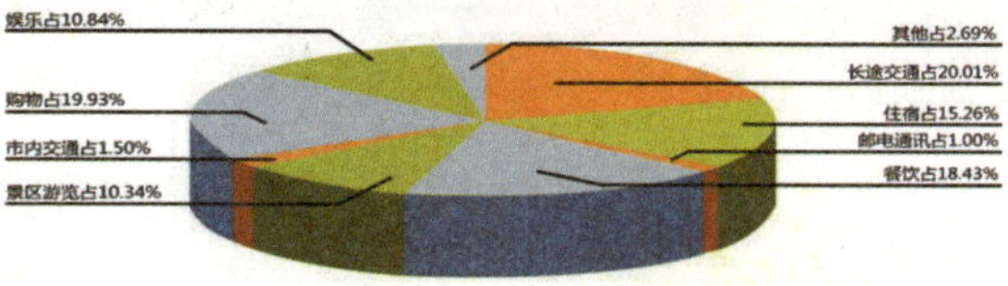

图 4－2－4

1. 扬州旅游业发展之优势

（1）人文资源丰富、底蕴深厚：扬州是个有两千五百多年历史的文化古城，有过汉代、唐代和清代三次历史性的辉煌。扬州现存名宅众多，具有很高的历史地位和人文价值。扬州宗教文化繁盛，门类齐全，为扬州旅游增添了更多的吸引力。

（2）自然景观优美、生态良好：扬州全市自然生态类旅游资源丰富，生态环境良好，具有很高的开发价值。扬州全境水网密布，江河湖泊相连。自然人文相得益彰，文化扬州与绿杨城郭相映成趣，成为扬州最具竞争力的旅游资源。

（3）休闲度假的旅游资源丰富：以“三把刀”为代表的传统民间技艺，为扬州发展休闲度假旅游提供了良好的基础。仪征的丘陵风貌，高邮、宝应、江都的湖泊湿地风光各具特色，古宅名居则是发展都市休闲度假旅游的又一独特资源。

2. 扬州旅游业存在的问题

（1）特色挖掘不够：扬州市虽然着力建设了万花园、东关街、天沐温泉等一批旅游新品，形成了古老、精致、富有文化底蕴的城市形象，但总体上挖掘整理还不够，尚未形成鲜明的城市个性。

（2）产品结构单一：旅游经济份额不高，缺乏更多的标志性高端产品，“景点收入靠门票、游客人数靠节日、总收入靠数量”的状况依然明显。旅游弹性消费比例不高，缺乏能延长旅游者停留时间和提高其旅游消费的中高端旅游产品。

3. 提出改进建议及其措施

（1）要打造扬州独有的旅游品牌：在巧打“古城牌”“美食牌”“美女牌”“名人牌”和“盐商牌”的基础上，突出“生态、文化、精致、宜居”的城市特色，努力实现古代文化与现代文明交相辉映。

（2）将各个景点串联起来：在春有“烟花三月”、夏有“扬州的夏日”、秋有“运博会”、冬有“沐浴养生节”的基础上，将各个景点串联起来，着力完善现有品牌，与此同时打出新的招牌，尽量满足旅客日益提高的个性化需求。

信息窗

隐形翅膀

2015年9月，王雪莹在微信上看到了患病女童的求助信息，就让父亲去女童家中探望，并捐出奖学金。父亲把钱交到女童的奶奶手中，却始终不肯透露姓名和联系方式，“孩子的后续情况，我们会持续关注的”。王雪莹的父亲王平压根儿没想到，这件事会在社会上引起轰动。

早在七八年前，扬州有个9岁白血病患儿在苏北医院治疗期间遇到了困难。王平就带着女儿一起到医院，匿名捐出了1万元。而这些钱的来源除了王雪莹的压岁钱外，就是奖学金。

17岁的王雪莹已经当了13年的爱心“隐士”，4岁时第一次捐款帮助了一名四川的贫困儿童，在之后的十几年里，直接或间接帮助了10多个困难儿童。王雪莹很腼腆，接受采访时总是咧着嘴笑。

在她经常看望的敬老院老人眼里，王雪莹就是个“开心果”。她曾为福利院老人策划了一个简朴的生日，火红的“寿”字映红了老人们的笑脸，一位老人两眼泪花：“我这一辈子还没过过这么大的生日呢！”

她的事迹被多家媒体报道，但她始终谦逊而低调。她说自己更愿当一个“隐形人”，用这份爱为所有需要帮助的人插上“隐形的翅膀”。

解密室

情中生智

王雪莹是全国最美中学生标兵、江苏省美德少年、扬州市十大好人。她出于对家乡扬州的关爱，情中生智，对扬州旅游业的发展进行了社会调查，在收集了相关数据后制成图表，进行分析论证。总结出扬州旅游业“人文资源、自然景观、旅游资源”的发展优势，指出了扬州旅游业“特色挖掘、产品结构”的两个短板，提出了“打造品牌、景点串联”的科学建议，撰写了“关于扬州旅游业发展的调查报告”，参加了中国少年科学院小院士课题研究成果的展示与答辩，得到评委的赞扬。从上述调查报告的形成过程中，你能感悟出开展社会调查的方法吗？

演练场

小试牛刀

请你根据王雪莹对调查研究总结出来的基本方法，撰写一篇调查报告千字文，让你的父母给其作出“合格、优秀、点赞”的评价。

第三节　扬长避短

小故事

全国代表

涂竞一，树人少科院爱因斯坦分院第三任副院长，中国少年科学院小院士，江苏省优秀共青团员，全国少队会代表，他是全国课题研究成果一等奖，全国金点子作品评比二等奖获得者，如图4-3-1所示。

图4-3-1

他又是个喜爱运动的男子汉。可天气逐渐变冷，运动后淋浴成了一件难事：因为空间不够，家里没有安装浴缸，淋浴时，若站在浴垫上，冲澡的热水直接流入下水道，非常可惜，而脚底板由于淋不到水，仍会感觉凉；若使用澡盆，脚浸泡在热水里，暖和了，可盆底不仅相当湿滑，且洗澡后，装满水的澡盆十分笨重，如何倒水也成了大难题。其实，一般家庭的淋浴间里都放有浴垫，虽然轻便防滑，却无法兼顾蓄水功能，特别是冬天，热水直接流掉，非常浪费。如何让防滑浴垫具有灵活的蓄、排水功能，达到脚部保暖的功效？他将浴垫与软性密封圈结合，设计了一款“保暖型防滑浴垫”，较好地解决了这个问题。

展示台

扬长避短

为了解决防滑浴垫的保暖问题，他对澡盆和浴垫的实用性进行了调查分析，如表4-3-1所示。从表格中不难看出，澡盆与浴垫均有各自的“硬伤”，但是两者的优缺点可以互补。这让他深深地陷入了思考：是否能将两种产品结合在一起，去莠存良，以达到脚部防滑与保暖的功效呢？他从扬长避短入手开始了创新设计。

表4-3-1

项目 / 产品	图片	保暖性	防滑性	收纳性	抗霉变性
澡盆		好	较差	较好	好（塑料） 一般（木质）
浴垫	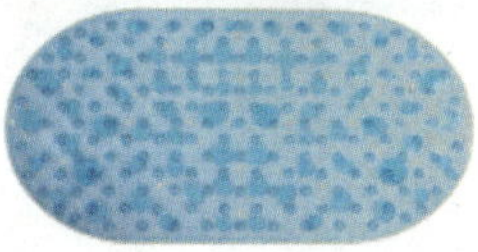	差	好	较差	较好

1. 设计与制作

（1）确定式样：根据对人脚长宽高的测量，设计浴垫尺寸为65 cm×35 cm，翘边高为5 cm。形状为长方形，四周修剪成圆弧形。

（2）拟订方案：为实现浴垫的保暖、排水功能，他拟定了4种方案，如图4-3-2所示。①折叠式：如图甲所示。通过查阅，发现一种折叠盆设计，以柔性硅胶连接折叠单元，通过折叠盆边改变高度，达到蓄/排水的目的。其优点是可以灵活调节盆边高度，其缺陷是调节费力、较易损坏。②充气式：如图乙所示。从游乐园的充气式水池得到灵感，翘边可为空心软性材质，外部附一气嘴，需使用时向内充气，不用时放空。其优点是较易收纳，其缺陷是使用不便（每次均要充气）、清洁困难。③排水孔式：如图丙所示。借鉴浴缸的设计，在浴垫底部添置一个排水孔。其优点是防滑性出众，排水彻底，其缺陷是排水速度慢、需弯腰操作。④弹性翘边式：如图丁所示。主体材料为浴垫，采用弹性材料制作翘边，脚踩翘边可排走大部分积水。其优点是防滑性出众、使用便利、易于清洁，其缺陷：手工无法一体化制作。经过综合分析，决定采用方案④，如图丁所示。

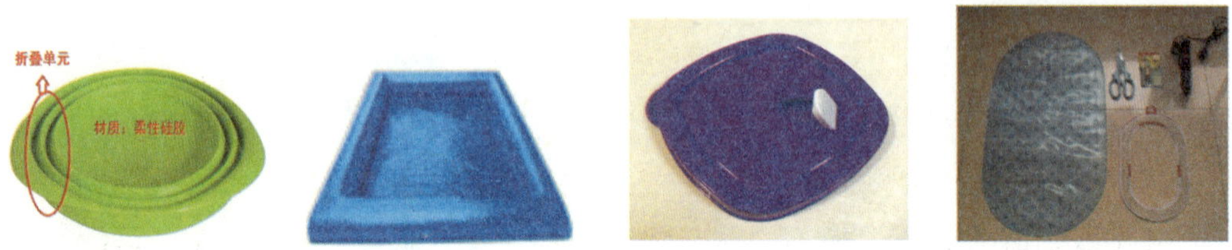

甲　　乙　　丙　　丁

图 4-3-2

（3）制作过程：由于条件限制，他先行制作一个按 1∶2 比例缩小的样品，以探究创意是否可行。制作工具：塑料浴垫 1 块、剪刀 1 把、热熔胶枪 1 把、倒“T”形密封圈（高压锅用）一个。制作时先用热熔胶将密封圈底边与浴垫粘接，而后在垫圈上连接挂孔零件，最后将样品部分从整块浴垫剪下。完成的样品如图 4-3-3 所示。

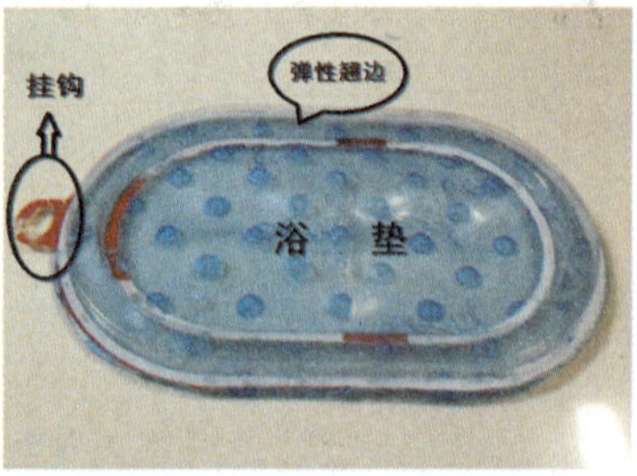

图 4-3-3

（4）实验测试：样品可装水 580 mL。按压翘边的竖起部分，水基本可排干净，且重复 10 次情况不变。证明该创意有一定耐用性，可制作成成品，如图 4-3-4 所示。

图 4-3-4

2. 总结提高

（1）创新分析：运用附加法，在浴垫四周添加弹性翘边，满足淋浴时保暖与防滑的需求，且使用简便。经查新市面上没有类似产品。

（2）改进方案：因条件限制未能制出成品。他设想：①将各部件一体化制造，增强耐用性；浴垫采用磨砂工艺，提高防滑性。②样品将翘边向外倾斜 15 度，使踩踏时浴垫更易翘起，排水更加彻底。③根据抗霉变性决定是否保留挂孔零件。

信息窗

热爱科学

涂竞一于 2015 年 6 月当选为第七届全国少代会代表，作为江苏代表团中唯一的中学生代表赴京参加会议，与航天员刘洋以及少数民族代表合影，中央电视台《新闻联播》还对此做了专题报道，如图 4-3-5 所示。

图 4-3-5

他从小热爱科学，有良好的创新素养，对发明创造有着浓厚的兴趣，积极动手，深入思考，勇于探索。进入中学，扬中校友中杰出的院士更激发了他科学报国的理想，立志从现在做起，从争当小院士做起。在学校少科院中，他积极参与、成功竞选成为树人少年科学院爱因斯坦分院副院长。

他积极参加科普实验活动，在老师的悉心指导下取得了多个优秀科技小成果：代表学校参加江苏省“校园之间”智力竞技比赛获一等奖；获扬州市青少年科技创新大赛一等奖，喜获中国少年科学院小院士称号；2014 年 12 月荣获全国“青少年科学调查体验活动”优秀学生类作品二等奖。

他总能在繁忙的学习中安排好时间，专心于他的“研发”工作。他树立了努力成为“飞机设计师”的梦想。在航模制作、模型设计方面动手操作，不断探索。他的作品“一种新型的人力飞机螺旋桨布局及相关设计”入围了第 11 届中国青少年创造力大赛暨第 67 届德国纽伦堡国际发明展中国区选拔赛总决赛。

解密室

全面发展

树人学校浓郁的学习氛围更让他奋发努力、全面发展。涂竞一集少先队大队长、少科院分院长、学习升旗手、校报主编等多重身份于一身，组织采访过中国工程院程顺和院士，激发了学习热情和鼓起了奋发追求的勇气。他培养了社会实践能力，练就了全面、细致、周到的组织策划能力。他又融江苏省四好少年、省优秀共青团员、省红领巾故事大王、扬州市优秀少先队员、扬州市十佳少先队员等多项荣誉于一身。远大的理想让他勇闯科学高峰，良好的学习习惯让他保持优异成绩，广泛的兴趣爱好让他的能力全面提升，优秀的品质让他成为同学的好榜样。

演练场

小试牛刀

请你根据涂竞一同学扬长避短的科学方法，撰写一篇学习体会的千字文，让你的父母给其作出“合格、优秀、点赞”的评价。

第四节　主体附加

小故事

空调风患

申一民，树人少科院爱因斯坦分院第三任院长，中国少年科学院小院士，江苏省人民政府青少年科技创新培源奖、全国课题研究成果一等奖、全国青少年科技创新大赛二等奖、江苏省青少年科技创新大赛二等奖获得者，如图 4－4－1 所示。

图 4－4－1

空调可以自动调节室温，让我们在舒适的温度下度过四季，它给人们带来的好处是显而易见的。可别忘了空调却具有“两面性”。随着空调被广泛使用，它的另一面也越来越凸现，患空调病的患者在不断增加。特别是由于空调的安装位置和空调自身调整风向的局限，有时哪怕是已把室温调至 28℃或以上，但仍然会有风直接或间接地吹到人的身上，时间一长，关节炎、肩周炎等毛病都会找上门来。申一民的妈妈就在夏天使用空调时偏头疼经常发作。为解决该问题，他设计并制作了可调整空调风向的外设装置，获江苏省青少年科技创新大赛二等奖。

展示台

二次调风

申一民打算通过在壁挂空调外部安装一个导风装置，通过这个导风装置将空调吹出来的风进行二次风向调整，将风引向一个远离人体的地方，弥补空调自身风向调整的局限，从而使人们更加科学地使用空调，免受空调病的困扰。他设计了两个方案，如图 4－4－2所示。因条件所限，最终采用了方案一的结构。

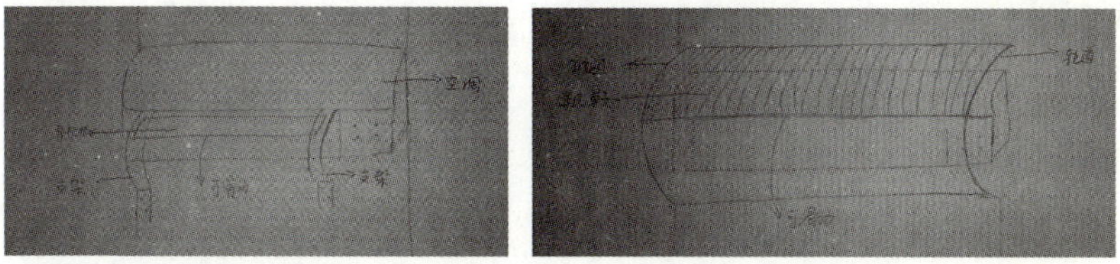

方案一　　方案二

图 4－4－2

1. 设计与制作

(1) 设计：他在空调下方的墙体上，距离空调 5～10 cm 左右的位置分别安装两个向上的支架(起到轨道的作用)，两个支架所形成的面体与空调保持永不相交的状态。在两个支架上安装导风板(导风的外设装置)，需要导风时，将导风板上下移动，起到二次改变风向的作用。

(2) 制作：他将不锈钢材料和铝塑板带到加工铝合金门窗的加工点，请师傅按照他的尺寸和形状要求进行加工。加工后的支架、导风板如图 4-4-3 所示。导风板形成上、中、下三个位置。

图 4-4-3

2. 安装与调试

(1) 安装：首先在空调下端距空调 5～10 cm 处打孔，将支架通过孔固定在墙体上，然后通过螺母将导风板安装到支架的轨道上，通过调整螺母的位置来调整导风板的位置，从而达到二次导风的目的。具体操作如图 4-4-4 所示。

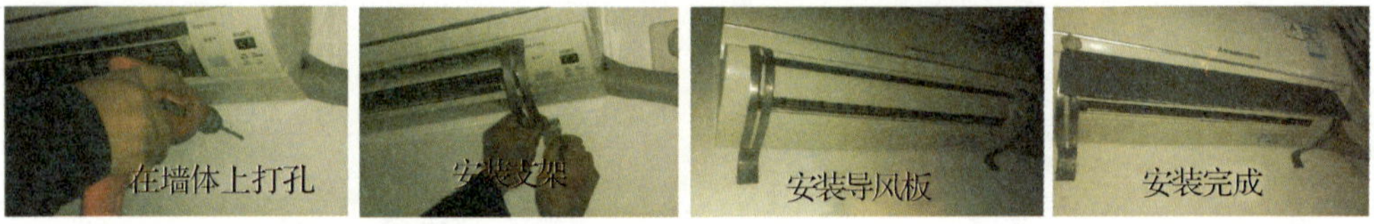

图 4-4-4

(2) 调试：通过外设导风装置的调节，可将风引向空调下方的地面，达到改变原空调风向、将风向引向远离人体，安装前后风向变化如图 4-4-5 所示。

(3) 测试：按照图 4-4-6 中的房间结构图在分别在离墙 *CDGF* 较近的上、中、下位置选取的

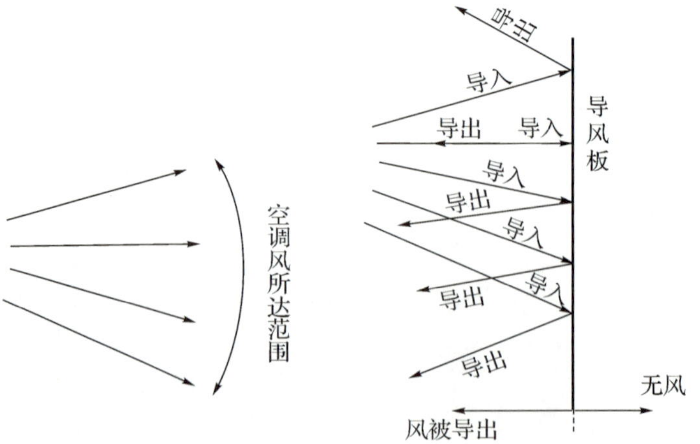

未安装外设导风装置后的风向　　安装外设导风装置后的风向

图 4-4-5

a、b、c 点；在房间中间上、中、下位置选取 d、e、f 点；在离悬挂空调的墙 $BAHE$ 较近的位置选取 g 点进行测试。具体测试位置、现象及其测得的数据如表 4-4-1 所示。

表 4-4-1　空调自身风向调整表

上下风 / 左右风	上	中	下	上中下循环
左	上/左	中/左	下/左	上中下循环/左
偏左	上/偏左	中/偏左	下/偏左	上中下循环/偏左
中	上/中	中/中	下/中	上中下循环/中
偏右	上/偏右	中/偏右	下/偏右	上中下循环/偏右
左中右循环	上/左中右循环	中/左中右循环	下/左中右循环	上中下循环/左中右循环

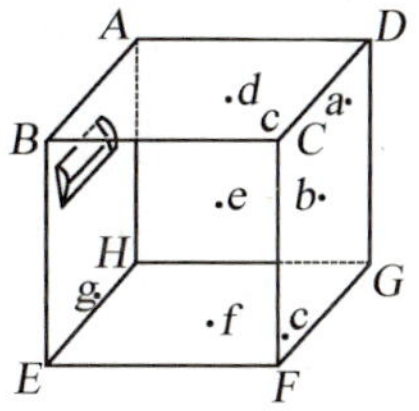

房间结构图

图 4-4-6

安装外设导风装置前后的测试点风速对比表　　温度：℃　风速：m/s

测试点	a		b		c		d		e		f		g	
测试指标	温度	风速	温度	风速	温度	风速	温度	风速	温度	风速	温度	风速	温度	风速
安装前	13.2	0.2	13.2	0.2	13.2	0.2	13.1	0.9	12.9	1.9	12.8	0.9	13.4	0
安装后	13.2	0	13.2	0	13.2	0	13.2	0	13.2	0	13.2	0	12.9	1.5

(4) 结论：通过上述的测试数值，我们可以看出安装外设导风装置后，人在房间经常活动的范围 a、b、c、d、e、f 处的风速明显减少或变为 0，而安装前后温度没有太大的变化。而远离人活动范围的 g 处风速明显增大。由此我们可以得出：此设备在保留原空调风向调整功能之外，可将空调风向二次调整，达到了改变原空调风向、将风引向远离人体的地方，弥补了空调调整风向的局限和不足，基本达到预期设计的目的。

信息窗

创新成法

树人少科院通过课内、课后、课外三管齐下，使创新成法成为可能。现以苏科版物理综合实践活动《设计和制作一个模拟的调光灯》为例给予说明。

1. 课内创新设计

围绕调光灯的设计展开，关键是如何"调"？方法如图 4-4-7 所示。(1) 调电阻：如图 A 所示。移动变阻器的滑片，改变小灯泡的亮度。(2) 调电压：如图 B 所示。

先后闭合 3 个开关，调干电池的节数，改变小灯泡的亮度。(3) 调灯泡：如图 C 所示。通过开关 S_1 的断开与闭合，调亮灯的个数。或二灯串联，较暗，或只有一个灯 L_2 工作，较亮。将它们装入一个灯罩内，灯罩就有亮、暗之分。(4) 调开关：如图 D 所示。调三个开关的闭合与断开，使装入一个灯罩内的二个不同规格的灯泡的工作有四种可能：二灯串联、只有 L_1 工作、只有 L_2 工作、二灯并联。灯罩就有最暗、较暗、较亮、最亮四种变化。(5) 调色彩：如图 E 所示。三个彩灯装置于灯罩内。只闭合一个开关，灯罩分别显示红、绿、蓝三色；闭合二个开关，灯罩分别显示黄、品红、青三色。闭合三个开关，灯罩显白色。

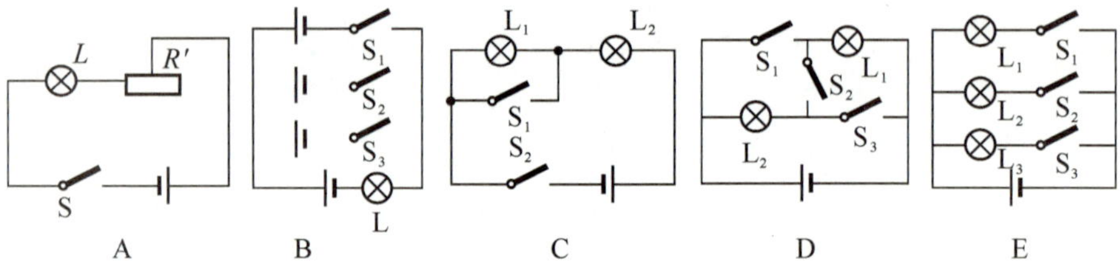

图 4－4－7

2. 课后实践创新

围绕上述创新设计，在课后进行实践创新、评价交流。学生评价：设计(1)和(2)调的是一个灯的亮度，其中的设计(1)能连续调节，但由于其亮度调暗时，在滑动变阻器上也要消耗电能，能效低、不经济。设计(3)和(4)调的是装在灯罩内二个灯的总亮度，相比之下，设计(3)只有亮和暗两种可能，设计(4)有最暗、较暗、较亮和最亮这四种可能，亮度调的等级多。设计(5)将光的色彩融合到电路中来，可与实验室提供的"彩色合成演示器"的效果进行比较，更能激发学生的创新热情。教师评价：为学生能把调的目光投注在开关上而点赞，这就是创新。激励学生趁热打铁，打开思维的闸门，把"开关"进行发散，变成光控的、声控的、温控的；把"灯"进行发散，变亮的(电灯)为动的(电动机)、响的(收录机)等。希望学生在课后对原产品(用品)、方法或者其改进提出新的技术方案，开展创造发明。

3. 课外创造发明

围绕教师评价，进行课外发明成果展示，如图 4－4－8 所示。展示现场如图 A、B 所示。(1) 智能台灯：①智能光照报警台灯，如图 C 所示；②带录音和根据光线强弱自动开启照明功能的台灯，如图 D 所示；③红外线智控台灯，如图 E 所示；④智能节电灯，如图 F 所示；⑤教室光控节能器，如图 G 所示。(2) 合成彩灯：①筒形色光混合仪，如图 H、I 所示；②球形色彩混合灯，如图 J 所示；③改进型彩色合成演示器，如图 K 所示。(3) 创新发明：①多功能能量转化仪，如图 L、M 所示；②电动自行车安全温控防爆充电器，如图 N 所示；③主动式防超载、防扬尘全封闭渣土车，如图 O 所示。这些作品在各级各类组织的科技创新大赛都获奖，其中有 3 件作品在国际发明展览会上获得金奖。

图 4-4-8

解密室

主体附加

申一民的"可调整空调风向的外设装置"是在原有空调的基础上外加一个导风板，能否解决空调风患对人体的伤害，让事实说了算。于是他在空调所在房间选择了人经常活动的 7 个位置进行了温度和风速的现场测试，并进行对比分析，得出结论，效果较好，这是从结构的优化角度进行的创新。从发明技法而言，是属于主体附加法，就是以原有的空调为主体，再附加外设装置，以实现组合创新的发明技法。这一发明弥补了空调调整风向局限和不足，解决了他母亲被空调风吹而经常引发偏头疼的问题，值得大家学习。

演练场

小试牛刀

请你根据申一民同学主体附加的创新方法，撰写一篇主体附加法应用的创新千字文，让你的父母给其作出"合格、优秀、点赞"的评价。

第五节　拓展迁移

小故事

提出问题

周晋安，树人少科院程顺和研究所所长，中国少年科学院小院士，江苏省青少年科技创新大赛一等奖、中国少年科学院小院士课题研究成果一等奖获得者，如图 4－5－1 所示。

图 4－5－1

他通过仔细观察后发现刨开一个苹果，淡黄色的果肉很快变为褐黄色，这是比较明显、速度较快的氧化。金属长时间暴露在空气中会生锈，电子产品经过长时间的使用有些部件会接触不良等，这些都是速度较缓慢、不是很明显的氧化。面对这些变化，他不禁对氧化的特性产生了疑问：氧化与什么有关？怎样抗氧化……他决定以苹果为切入点，探究氧化的特性，并以此类比人体的氧化与抗氧化。

展示台

实验探究

1. 研究的内容

为了找出氧化的起因，他从研究苹果氧化影响因素入手，并将其拓展延伸为人体的氧化问题进行探究，共从下列八个角度做研究。

（1）氧化程度与摆放时间的关系；

（2）氧化程度与摆放地点含氧量关系；

（3）氧化速度与温度的关系；

（4）氧化程度与湿度（水分）的关系；

（5）探究维生素 C、维生素 E 的抗氧化性能；

（6）探究矿物质的抗氧化性能；

（7）探究氧化程度与酸碱度的关系；

（8）为何“摔伤”的苹果氧化更快更严重？

2. 研究的过程

（1）探究氧化程度与摆放时间的关系：切下一块苹果，置于普通室内环境中，分别记录不同时间苹果的状态，并比较分析，如图 4－5－2 所示。

0 分钟	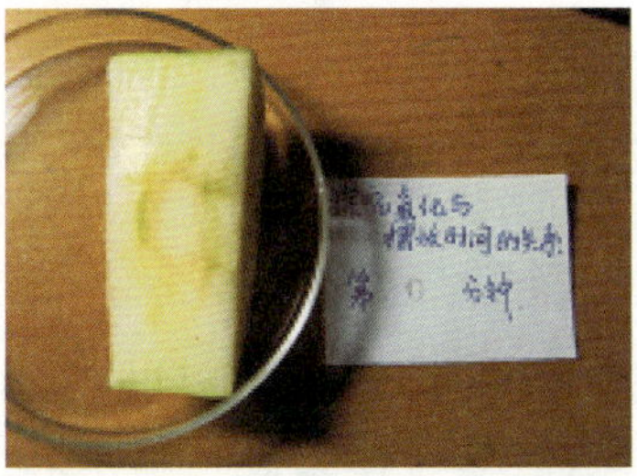	5 分钟	
10 分钟		35 分钟	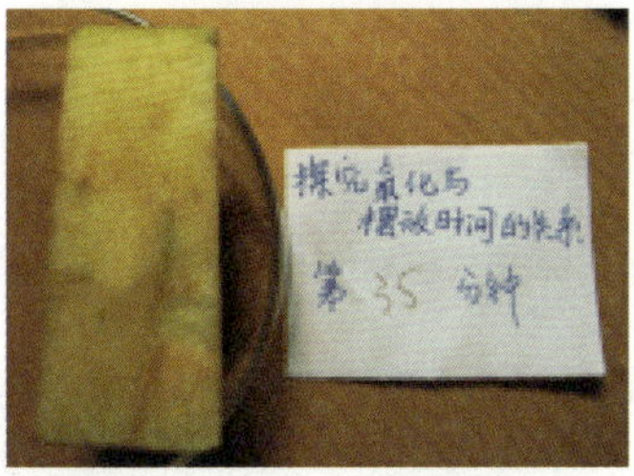
240 分钟	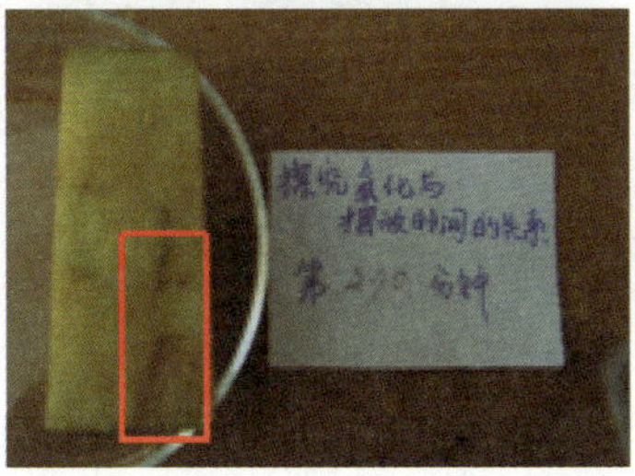		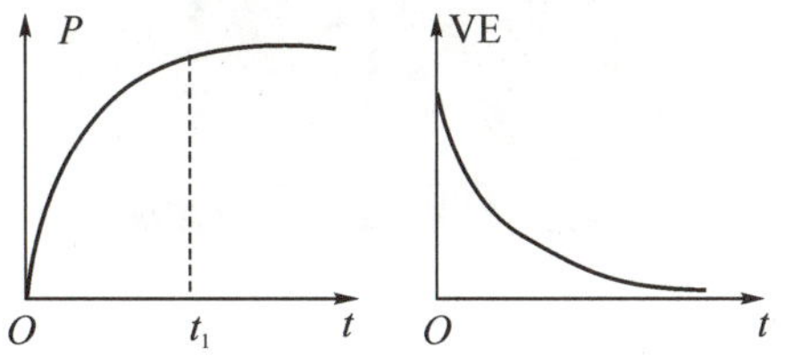

图 4－5－2

通过对比以上照片，他发现从第 0～35 分钟，氧化程度的确在增加，并且氧化速度在逐渐减小。从第 35～240 分钟，除了红框内的部分，氧化程度几乎没变。由此得出结论:氧化的速度随时间的推移而减小。将其绘制成了函数图像,设氧化程度为 P,时间为 t,每单位时间氧化程度为 V_p,变化情况如图所示。t_1 前氧化程度的变化较明显,同时速率不断减小。但因为水果无法阻止氧化,理论上氧化持续存在,所以第二幅图的曲线无限接近 t 轴但不与 t 轴相交。

由于篇幅的限制,研究的内容中(2)、(3)、(4)、(7)、(8) 项在此不列出。

(2) 探究维生素 C、维生素 E 的抗氧化性能:随着物质生活的不断改善,人们对养生保健越来越重视。许多人十分注重维生素的补充,认为其有抗氧化、抗衰老的作用。事实是这样吗?他决定以实验来证明。实验步骤:准备 8 个杯子,杯中分别放入浓度为 0.6‰、1.2‰、2.4‰、3‰的维生素 C 溶液,浓度为 1‰、2‰、3‰的维生素 E 溶液,还有一杯清水。将 8 个苹果块分别浸没,每隔一段时间记录苹果状态,如图 4-5-3 所示。说明:①维生素 C 来自于维生素含片,其规格为 60 mg/片;维生素 E 来自于维生素胶囊,其规格为 100 mg/胶囊。②苹果的密度小于水,将其浸入水中时苹果会浮起来,和空气接触,影响实验。于是,他在吸管上加重物(铁夹),用吸管将苹果压入水中。③维生素 E 的来源是胶囊,而胶囊不易化开,维生素可能沾在胶囊壁上影响实验等。为了解决该问题,他将胶囊剪开后用热水冲泡(加快分子运动),再等其冷却后进行实验。结论:仔细观察分析实验结果,他发现大约前 60 分钟内,各块苹果的差别并不是很大,他推测这是因为水的抗氧化功能在发挥作用。然而 120 分钟后,随着水分蒸发,水的抗氧化功能越来越弱,差别越来越明显。在维生素 C 溶液中的苹果块氧化程度随着浓度的增加而减小,在维生素 E 溶液中的苹果块氧化程度几乎没有差别,相比之在清水中的苹果块,维生素 E 很显然没有发挥任何作用,在浓度为 3‰维生素 C 溶液中的苹果块几乎没有被氧化。由此可得出结论:维生素 C 是一种十分理想的抗氧化物质,维生素 C 用量越大,抗氧化效果越明显。维生素 E 则没有抗氧化作用。

图 4-5-3

(3) 探究矿物质的抗氧化性能:根据上述结论我们知道某些维生素有抗氧化作用,那作为七大营养素之一的矿物质有没有抗氧化作用呢?他决定以实验来说明。实验步骤:将两个苹果块分别浸没在体积均为 200 mL 的清水和矿物质溶液(矿泉水)中。拿出苹果块后,其状态如图 4-5-4 所示。所有图片左边为矿物质溶液中的苹果块，图的右边为在清水中的苹果块。观察图中的实验记录，他发现矿物质溶液中的苹果块与在清水中的苹果块几乎没有差别，所以得出结论：矿物质并没有抗氧化作用。实验中的矿物质溶液所含成分如表 4－5－1 所示。

实验记录	第0分钟	
	第5分钟	
	第10分钟	
	第20分钟	

图 4－5－4

表 4－5－1

锶 Sr^{2+}	钠 Na^{+}	钙 Ca^{2+}	偏硅酸 H_2SiO_3	镁 Mg^{2+}	钾 K^{+}
0.04～0.24 mg	5～9 mg	1.2～6 mg	5～9 mg	0.6～3.2 mg	0.4～1.2 mg

信息窗

乘胜追击

为什么“摔伤”的苹果氧化更快更严重？“摔伤”的苹果与未“摔伤”的苹果有什么区别……带着一连串的疑问，周晋安决定使用显微镜进行深入研究。

他发现苹果肉的“摔伤”部位十分松散，如果制作切片，很难切下理想厚度的样本，而且样本中会含有大量气泡严重影响实验，所以制作涂片进行观察。用刀片分别在苹果完好与受伤的部位上挤下带果肉的汁液，放在载玻片上用显微镜观察，如图 4－5－5 所示。从图片与视频中，显微镜下苹果完好与受伤的部位都存在黄色的物质。因为其成细长条状，所以他猜测长条状的黄色物质是疏导组织。仔细观察，就不难发现显微镜下苹果完好部位中疏导组织没有问题，而受伤的部位中黄色物质十分散乱，疏导组织已经在苹果受挤压时被完全破坏了。由此可得出结论：“摔伤”的苹果之所以氧化速度更快，程度更严重，是因为其中的疏导组织遭到严重破坏。也就是说，疏导组织有不可忽视的抗氧化意义，保护自身的疏导组织（血管）健康，可以起到抗氧化、延缓衰老的作用。

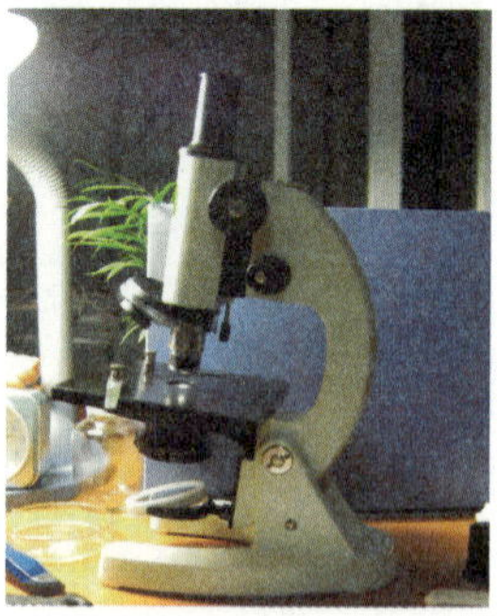

图 4－5－5

解密室

拓展迁移

周晋安对人体氧化问题的研究，是从研究苹果的氧化入手的，拓展至维生素 C 的抗氧化性，并从观察显微镜下“摔伤”苹果切片氧化速度之所以快的原因是其疏导组织遭到了严重破坏，将其迁移到人体的疏导组织（血管）的自身保护上，可以起到抗氧化、延缓衰老的作用。这种探究问题的方法，称之为拓展迁移法。其探究的过程包括提出问题、猜想假设（8 个研究内容）、设计实验、收集数据、论证分析、得出结论、交流评估等七个环节。对此，你是否已经有所感悟？

演练场

小试牛刀

请你根据周晋安同学研究人体氧化问题而采用的拓展迁移法，撰写一篇学习体会的千字文，让你的父母给其作出“合格、优秀、点赞”的评价。

第六节　变量控制

小故事

创新仪器

丁恺睿，树人少科院黄纬禄研究所所长，中国少年科学院小院士，江苏省青少年科技创新大赛二等奖、中国青少年创造力大赛一等奖、中国少年科学院小院士课题研究成果一等奖获得者，如图 4－6－1 所示。

图 4－6－1

他在“怎样使水火箭射得更远的实验探究”的基础上，对网上关于普通滑翔伞与三角翼的性能的争议进行了关注。他知道：随着时代的发展，跳伞已成为一个非常普遍的运动。因此，降落伞的安全性，已经成为了一个跳伞爱好者普遍关注的问题。可是除滑翔伞外，还有一种名叫三角翼的滑翔工具，也可以进行有效、持久、安全地滑翔。他上网检索，发现大家对三角翼更是称赞不绝，如图 4－6－2 所示。那么，事实究竟如此？

图 4－6－2

展示台

研制过程

图 4-6-3

他与王子航、张苏灿一起(图 4-6-3),对滑翔伞与三角翼的性能进行了实验探究。他们用塑料薄膜纸、木棍制成悬挂式三角翼滑翔伞的模型进行实验。在 4 米高的地方使滑翔伞落下,通过测量它们的降落时间来测试它们的滑翔性能,并且根据它们降落时出现的问题制订改进计划,探索滑翔伞平衡滑行的因素。

本次实验中,控制变量决定了实验结果的准确性。为了保证实验的严谨性,他们在研究后距和重物质量对滞空时间的影响时,所用的是同一个滑翔伞。而研究滑翔伞的结构时,虽然其构造不同,但他们用同一种类的塑料薄膜纸制作伞身,用同种规格的毛衣针(木棒)且确保重量几乎相同,滑翔伞表面积一样。这样就确保了实验的单一变量,使实验数据更具有说服力,如图 4-6-4 所示。

图 4-6-4

他们用塑料薄膜制作的框架,进行了第一次试飞试验。用连在三角翼三个顶点的三条线悬挂一个重 20 克的橡皮,如图 4-6-5 所示。高度、后距均未经过测量,结果,三角翼在半空中便失去了平衡,很快坠落在地上。

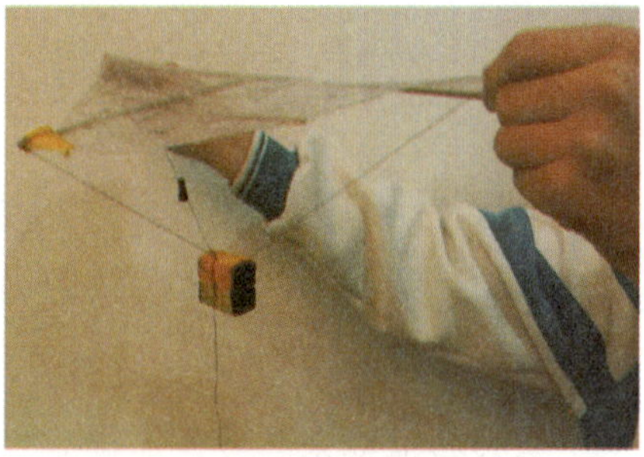
图 4-6-5

针对这次试飞出现的问题,他们总结出了第一个改正方案,决定通过改变针对重物与三角翼底边水平距离(在表 4-6-1 中称之为“后距”,这个名称在图纸上也有注明)来研究平衡问题。通过实验的数据,可以看到,当滑翔伞重物的后距是 6.5 厘米时,滑翔伞的滞留时间最长,处于最平衡的状态,如表 4-6-1 中的数据(1)所示。从中可以得出结论:平衡是滑翔伞增加滑翔性能的重要因素。既然当后距是 6.5 厘米时,滑翔伞可以保持平衡,那么，这其中是否有什么奥秘呢？他们在距离三角翼底边6.5厘米的地方做了一个标记，并把一根线固定在那个标记上，用手拽住线的上端，使滑翔伞悬挂在线上。他们惊喜地发现，此时的滑翔伞竟处于平衡状态。那是整个滑翔伞的重心所在，如图4-6-6所示。

表4-5-1

滑翔伞实验数据(1)			
高/cm	后距/cm	重心	滞空时间/s
8	3.5	偏后	1.8
8	5	稍后	1.99
8	6.5	平稳	2.08
8	8	稍前	1.53
8	9.5	偏前	1.55

滑翔伞实验数据(2)			
高/cm	后距/cm	质量/g	滞空时间/s
8	6.5	20	2.08
8	6.5	30	2.53
8	6.5	40	2.28
8	6.5	50	1.90
8	6.5	60	1.74
8	6.5	70	1.61

滑翔伞实验数据(3)			
高/cm	质量/g	结构	滞空时间/s
8	20	修改前	1.93
8	30	修改前	1.86
8	40	修改前	1.72
8	50	修改前	1.66
8	60	修改前	1.54
8	70	修改前	1.29

滑翔伞实验数据(4)			
高/cm	质量/g	结构	滞空时间/s
8	20	修改后	2.50
8	30	修改后	2.84
8	40	修改后	2.16
8	50	修改后	1.99
8	60	修改后	1.85
8	70	修改后	1.77

图4-6-6

探究完滑翔伞与平衡的关系后，他们又陷入了沉思：有没有其他影响滑翔伞滑行效果的因素呢？他们决定探索滑翔伞滑行效果与悬挂重物的重量之间的关系。为了避免实验的偶然性，他们让后距保持在6.5厘米。经实验得知当悬挂物体为30 g时，滑翔伞滑行效果最好，如表4-6-1中的数据(2)所示。这是因为增加物重有助于保持滑翔伞的平衡与重心。而太重则会导致悬挂物体超过滑翔伞的负荷，让滑翔伞的作用削弱，达不到理想的滑行效果。普通的滑翔伞适于初学者使用，拥有安装简便，滞空性能好的特点。那么它的性能又如何呢？

他们剪出了一个与三角翼表面积相同的塑料薄膜，用于做成滑翔伞顶部的拱形结构。再从两个底端横穿过一根木条，用于保持形态。然后，在两端各拉下两根线，用于悬挂重物，如图 4-6-7 所示。结果如表 4-6-1 中的数据(3)所示。虽然普通滑翔伞降落时滞空效果较好，但它在空中会不停打转，导致重心不稳，有时在空中无法进行平稳的滑行。所以他们只好加上重物来保持平衡，但效果并不显著。由于滑翔伞左右两边的滑翔效果有偏差，导致滑翔伞在下落滑翔的过程中，重心偏移，在空中打转。于是，他们在滑翔伞的中心处支撑起一根立柱来稳定滑翔伞（三角形）。做了这个改进之后，他们用新做的滑翔伞又做了一组有关悬挂物体重量的变量实验，结果如表 4-6-1 中的数据(4)所示。

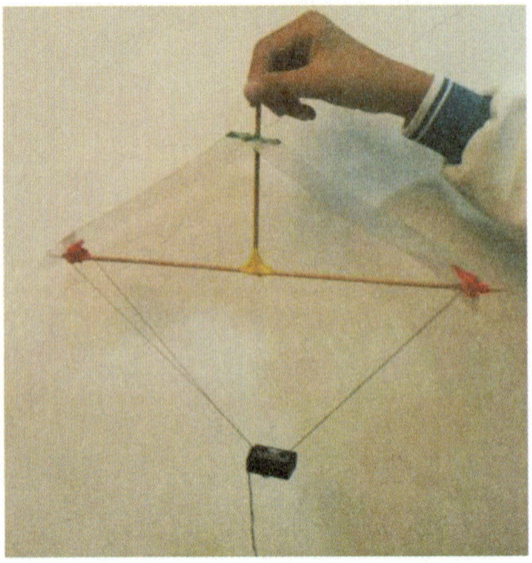

图 4-6-7

综上所述，可得结论是：①悬挂物体需在滑翔伞的重心线上，以此保持平衡。②悬挂物体重量需要适当。③普通的滑翔伞滞空效果虽好，但方向性不强。④三角翼方向性好，滑行性强。

信息窗

拓展思考

经过实验，他们发现：塑料薄膜纸这种材料既不重，又可以很好地滑翔。经搜寻资料发现，世界上所有的飞机、航天飞船和火箭所用的都不是普通的塑料或钢铁，而是一种特殊的航天材料。航天材料具有耐高温、防辐射、轻巧耐用、结实牢靠等特点，由钛合金等多种金属原料制成，如图 4-6-8 所示。

图 4-6-8

他们分析思考，发现中国航天事业（尤其是

飞机制造）略逊于欧美国家，其中一个关键的原因是缺少一种好的航空航天材料。今后我们中国要在这一领域有所发展、有所作为，需要多培养这方面的人才。他们为此愿意不断努力。

解密室

变量控制

丁恺睿同学的“怎样使水火箭射得更远的实验探究”在中国少年科学院小院士课题研究成果展示与答辩活动中获得一等奖的基础上，又与王子航、张苏灿等同学一起，对滑翔伞与三角翼的性能进行了实验探究。他们采用控制变量的方法，假设了三角滑翔翼的滑翔性能可能与重物和三角翼底边水平距离（后距）、悬挂重物的质量、重心位置以及结构等因素有关。他们用塑料薄膜纸等材料制成了悬挂式三角翼滑翔伞的模型，进行了实验探究。他们将测量到的四组数据表作为分析论证的依据，验证了假设是合理的，得出了“三角翼滑翔伞与普通的滑翔伞相比，滞空效果好、方向性好，滑行性能强”等结论，表明人们对三角翼称赞不绝是有道理的。在此基础上，他们又对祖国航天事业略逊于欧美国家的主要原因进行了思考，并发出宏愿，愿意为祖国航天事业的发展不断努力。对此，你有什么想法？

演练场

小试牛刀

请你根据丁恺睿等同学用控制变量法研究问题的案例，撰写一篇学习体会的千字文，让你的父母给其作出“合格、优秀、点赞”的评价。

第七节　学用结合

小故事

创新仪器

万众，树人少科院胡乔木研究所所长，中国少年科学院小院士，江苏省青少年科技创新大赛二等奖、中国少年科学院小院士课题研究成果一等奖获得者，如图 4－7－1 所示。

图 4－7－1

他的奶奶非常重视其早餐的配料烹饪，并按照营养专家套餐建议，要用杆秤测量套餐配料的质量，不太方便。万众学习了阿基米德原理及其应用后，萌发了用自己学到的物理知识，利用日常生活中废旧的食品盒子或饮料瓶子来制作测量厨房配料质量用的工具的想法。由于是利用物理知识（漂浮原理：$F_{浮}=G$）设计的，所以取名为质量仪，也由于制作材料都是日常生活中的废旧材料，测量时不消耗其他能量，所以也将其取名为低碳质量仪。

展示台

研制过程

1. 设计原理

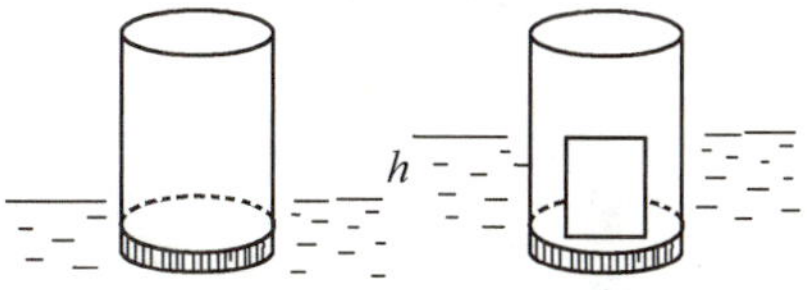

A　　　　B

图 4-7-2

设被测物体的质量为 m，废旧圆柱形食品桶的直径为 d，当食品桶放入水中后，漂浮在水面上，如图 4-7-2A 所示。将被测物体放入食品桶内后，漂浮时浸入水中的深度增加值为 h，如图 B 所示。增大的浮力等于圆柱形食品桶内所增大的重力：$\Delta F_{浮}=\Delta G$。即 $\rho_{水} g\pi d^2h/4=mg$，化简得：$m=\rho_{水}\pi d^2h/4$，因为 $\rho_{水}\pi d^2/4$ 为定值，令 $\rho_{水}\pi d^2/4=k$，则 $m=kh$，即被测物体的质量 m 与圆柱形桶浸入水中的深度 h 成正比。其刻度线是均匀的。

2. 制过程作

(1) 选择废旧食品桶，用刻度尺测量它的直径 $d=8.6$ cm，如图 4-7-3A 所示。

A　　B　　C　　D　　E

图 4-7-3

(2) 计算食品桶的横截面积 $S=\pi d^2/4=3.14\times(8.6\ \text{cm})^2/4=57.06\ \text{cm}^2$。再计算圆柱体的高度 $h=V/S$，若体积 $V=500\ \text{cm}^3$，则 $h=500\ \text{cm}^3/57.06\ \text{cm}^2=8.7$ cm。即高度差为 8.7 cm 时，两条刻度线之间的圆柱体的体积为 500 cm^3。

(3) 制作刻度纸：在电脑上制作均匀分布的刻度线，利用放大或缩小功能，使 0 与 500 这两条刻度线之间的距离为 8.7 cm，根据测量原理 $m=\rho_{水} V_{排}$，将体积的刻度线转化为质量的刻度线，其单位是克(g)，制得的刻度线如图 4-7-3B 所示。

(4) 在食品桶的底部粘贴废旧的圆形金属压块，如图 4-7-3C 所示。再安上底座，降低食品桶的重心，增大食品桶的稳度，如图 4-7-3D 所示。金属压块受到的重力远大于空食品桶受到的重力，所制成的低碳质量仪的重心较低，并低于浮力的作用点，使稳度增大。当浮力等于重力时，低碳质量仪将始终竖直漂浮在水中。如果没有金属压块，整套装置的重心将会高于浮力的作用点，在浮力和重力的作用下，低碳质量仪容易歪倒，难以竖直漂浮在水中。

（5）将食品桶漂浮在水中，记下桶壁上的水面线，作为低碳质量仪的零刻度，如图4－7－3E所示。再将图4－7－3B所示的刻度纸用双面胶粘贴在食品桶的外壁上，如图4－7－4A所示。还将“使用说明”用双面胶粘贴在食品桶的外壁上，如图4－7－4B所示。并用透明胶将“刻度纸”和“使用说明”封固。

A　B　C　D　E

图4－7－4

（6）用200 g标准砝码放入所制作的低碳质量仪的桶中，然后让其漂浮在水中，读出示数，仍为200 g，如图4－7－4C所示，说明本低碳质量仪可以比较精确地测量物体的质量。本低碳质量仪的量程为0～500 g，分度值为2 g。

3. 使用方法

（1）将被测量的物体（如水果、马铃薯、蔬菜等）放入低碳质量仪的桶内，如图4－7－4D所示。并轻轻晃动，使被测物体的重心落在桶的中心位置。

（2）将低碳质量仪轻轻地放入水中，并使其处于漂浮状态，如图4－7－4E所示。质量仪上水面处刻度线的示数，即为所测物体的质量。

4. 创新分析

（1）变废为宝、低碳环保：制作低碳质量仪的主要材料是废旧的食品桶，压块为废旧的圆形金属块，可谓是变废为宝、低碳环保。

（2）制作简单、成本低廉：由于制作的材料随处可找，而且是变废为宝，制作的方法简单易行、成本低廉、便于推广。

（3）操作简便、使用方便：使用时，只要将被测的物体放入其桶中，然后放入水中，漂浮时可以从刻度线上直接读出被测物体的质量，使用十分方便。

（4）便于推广、批量生产：本产品可以投放市场，大批量生产，只需要一台小型注塑机，桶的底部厚实一些，可降低重心，一次成型，成本十分低廉，尤其适合广大的农村家庭使用。

信息窗

现场展示

2011 年 3 月 1 日，树人少科院成功地为江苏省基础教育工作会议提供了少年科学院科技活动现场，如图 4－7－5 所示。该活动中，万众的“低碳质量仪”吸引了不少嘉宾前来观看，并受到好评，如图 4－7－6 所示。

图 4－7－5

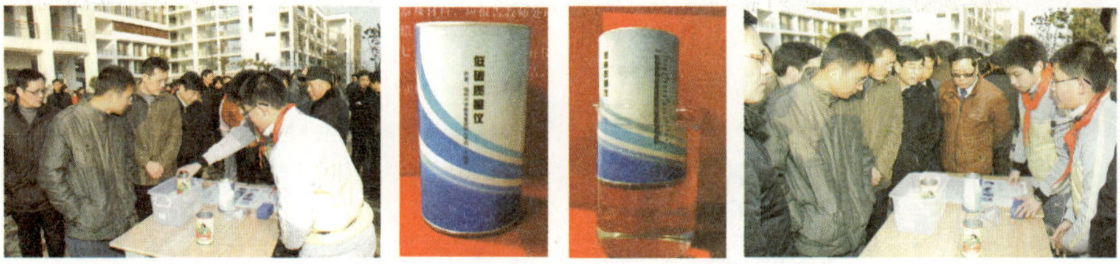

图 4－7－6

解密室

学用结合

万众同学应用所学的物理知识，设计并制作了低碳质量仪，其本质是浮力秤，既可以测质量，还可以测力，可谓是学以致用。事后，程曼秋同学将家用电子秤改进为电子测力计，将电子秤测质量的功能扩大为测力等多种功能，该成果荣获江苏省青少年科技创新大赛一等奖，如图 4－7－7 所示。

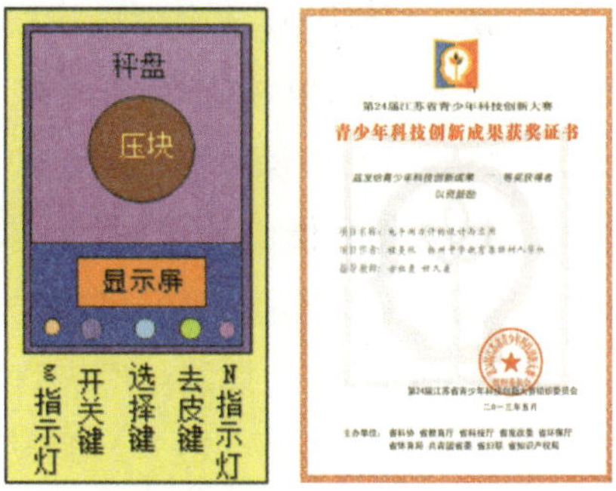

图 4－7－7

学用结合的内涵是学习必须应用于实际。它包含两个问题：怎么学和怎样用。万众的怎么学，就是理解阿基米德原理的核心内涵，并应用于生活实际，设计并制作了低碳质量仪。程曼秋同学的怎样用则是将家用电子秤改进为电子测力计，使其能测力，扩大了功能。

这就是学与用的辩证统一，都达到了学以致用的目的。你对此有何看法？

演练场

小试牛刀

请你根据万众同学的学以致用方法，撰写一篇学习体会的千字文，让你的父母给其作出“合格、优秀、点赞”的评价。

嘹望角

本章总结

通过本章的解读，你对树人少科院的7位小院士的创新成果及其思维方法，是否有心有灵犀一点通的感觉？他们的创新中有下列共同特征：

匡艺玮面对多个太阳是世界末日的谣传，将太阳光经六晶柱折射和反射形成的过程进行了研究，用小的红色球模拟太阳，射出的光经六棱水柱折射和反射的“逆向模拟”也可以再现多个太阳。折射出用科学方法可以破除迷信的思维品质。

王雪莹以扬州旅游业发展为研究对象开展“调查研究”，其基本方法就是通过社会调查，收集数据、制成图表，分析论证、肯定成绩，找出短板，提出建议，体现的是她为家乡经济发展献计献策的情怀，无愧于全国最美中学生标兵殊荣。

涂竞一是从洗澡时发现澡盆与浴垫之间的矛盾关系，采取“扬长避短”的方法，解决了防滑浴垫的保暖问题，反映了他利用所学知识解决实际问题的能力。

申一民采用“主体附加”的科学方法，解决了他母亲被空调风吹而经常犯偏头疼的问题。

周晋安则以人体氧化问题为研究对象，采用了“拓展迁移”的方法。从苹果的氧化入手，拓展至维生素C的抗氧化性，观察显微镜下“摔伤”苹果切片的疏导组织变化的情况，迁移到人体的疏导组织（血管）来，得出抗氧化可延缓衰老的结论。

丁恺睿等同学采用“控制变量”的方法，在自行设计制作三角翼滑翔伞模型的基础上，进行实验探究，并对祖国航天事业的发展进行了思考，发出了宏愿。

万众将所学知识、原理应用于学习和生活实际，采用了“学以致用”的方法，制作了低碳质量仪。

其实，上述七位小院士的创新方法都可以归结到理论联系实际上。将你课堂上学到的知识、原理、规律自觉地应用到生活的实际中去，才会学有所成、学有所悟，因为实践才是创新的唯一源泉。正是因为他们领悟到了这一点，所以他们都成了树人少科院科技创新的“领头雁”，成了竞聘而就的院长或所长。他们都是全国课题研究成果一等奖的获得者，都是中国少年科学院的小院士。有的还成了全国最美中学生标兵、全国少先队代表大会的正式代表、江苏省人民政府青少年科技创新培源奖的获得者。希望你能从上述七位小院士的成长故事中吸取精神营养，努力做最好的自己，向着科技创新人才的目标攀登。

收获篇

再试牛刀

通过本章的学习与总结，你对创新成法之谜是如何认识的？请撰写一篇“我的创新梦想”千字文，让你的父母给其作出“合格、优秀、点赞”的评价。

自评记录表

姓名

章节	自评等级	每节自评关键词	每章自评小结
第一章			
第一节			
第二节			
第三节			
第四节			
第五节			
第六节			
第七节			
第二章			
第一节			
第二节			
第三节			
第四节			
第五节			
第六节			
第七节			
第三章			
第一节			
第二节			
第三节			
第四节			
第五节			
第六节			
第七节			
第八节			
第四章			
第一节			
第二节			
第三节			
第四节			
第五节			
第六节			
第七节			